彭菲 著

大国工匠讲AI通识

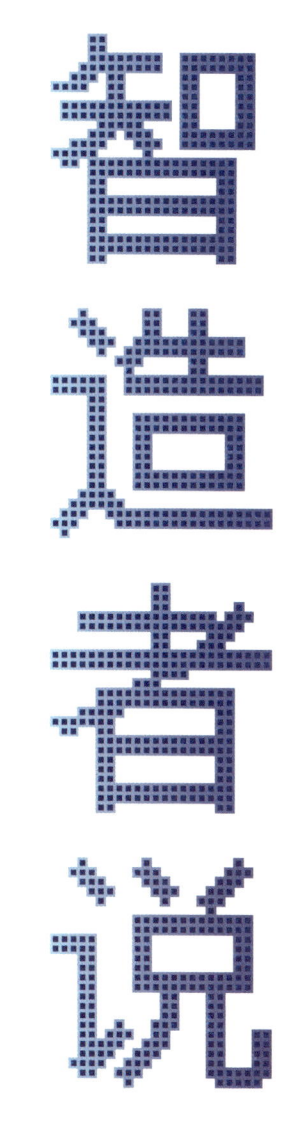

智造者说

AI COMMON SENSE

中国工人出版社

图书在版编目（CIP）数据

智造者说：大国工匠讲AI通识 / 彭菲著. -- 北京：中国工人出版社, 2025.5. -- ISBN 978-7-5008-8728-7

Ⅰ. TP18

中国国家版本馆CIP数据核字第2025Z8V837号

智造者说：大国工匠讲AI通识

出 版 人	董 宽
责 任 编 辑	魏 可
责 任 校 对	张 彦
责 任 印 制	黄 丽
出 版 发 行	中国工人出版社
地　　　址	北京市东城区鼓楼外大街45号　邮编：100120
网　　　址	http://www.wp-china.com
电　　　话	（010）62005043（总编室）
	（010）62005039（印制管理中心）
	（010）62379038（社科文艺分社）
发 行 热 线	（010）82029051　62383056
经　　　销	各地书店
印　　　刷	北京利丰雅高长城印刷有限公司
开　　　本	880毫米×1230毫米　1/32
印　　　张	9.25
字　　　数	146千字
版　　　次	2025年6月第1版　2025年6月第1次印刷
定　　　价	68.00元

本书如有破损、缺页、装订错误，请与本社印制管理中心联系更换
版权所有　侵权必究

前 言

近年来，人工智能作为新质生产力的核心驱动力，已成为全球科技竞争的战略制高点。我国高度重视人工智能的发展，将其列为国家战略的重要组成部分，明确提出"人工智能+"行动计划，旨在推动人工智能技术与各行各业的深度融合，赋能传统产业升级，培育新业态、新模式，助力经济高质量发展。从智能制造到智慧城市，从医疗健康到教育文化，人工智能正在成为推动社会进步和经济转型的重要引擎。作为新一轮科技革命和产业变革的核心力量，人工智能不仅改变了生产方式，也重塑了我们的生活和工作方式。

这一变革的进程令人惊叹。作为 21 世纪最具革命性的技术，人工智能的发展速度超出了许多人的预期。作为一名亲身经历了人工智能爆发式增长的技术工作者，我深感荣幸能够见证并参与这一伟大进程。近年来，人工智能技术取得了突破性进展，尤其是深度学习、大模型等技术的兴起，使人工智能从实验室走向了千家万户，逐渐融入人们的生活和工作当中。这种从理论到实践的跨越，不仅展现了人工智能的巨大潜力,也为未来的创新发展奠定了坚实基础。

然而,尽管人工智能技术已经取得了显著成就,但公众对它的认知仍然存在两极分化。一方面,许多人将人工智能视为"万能工具",认为它可以解决所有问题,甚至对未来产生了不切实际的幻想;另一方面,也有不少人对其持怀疑或否定态度,不愿意改变原有的生活生产方式,担心它会取代人类的工作,带来不可控的风险。这种认知的差异,很大程度上源于人们对人工智能技术本质和应用场景的不了解。

正是基于这样的背景,当中国工人出版社向我发出约稿邀请时,我毫不犹豫地答应了。我希望能够为广大读者朋友提供一本全面、通俗易懂的人工智能科普读物,帮助大家更好地了解人工智能,进而拥抱人工智能时代的到来。人工智能并非万能,它只是一种工具,其能力和效果取决于如何使用。与此同时,人工智能也并非洪水猛兽,它不会完全取代人类,而是会与人类协同工作,帮助我们更高效地完成任务。

本书的内容涵盖了人工智能的发展历程、核心技术、实际应用案例以及风险挑战等。本书从人工智能的起源讲起，逐步深入机器视觉、机器听觉、机器嗅觉、机器味觉、自然语言处理、机器人等前沿领域，并结合实际案例展示人工智能在工作和生活中的应用。本书在第三章中还分享了与大模型沟通的小技巧，这些技巧可以应用于目前绝大多数的大模型。随着大模型能力的不断提升，书中的一些提示词技巧可以有更加简洁直观的表达，这点有待读者朋友们在与大模型的交互中逐渐探索。同时，本书也探讨了人工智能可能带来的风险和挑战，如数据隐私、算法偏见等问题，并提出了相应的防范措施。最后，我们对人工智能的未来进行展望，探讨其引领新一轮技术革命和产业革命的方式，对人工智能的未来满怀憧憬。

在写作本书的过程中，我深刻感受到人工智能技术的日新月异。几乎每一天，都有新的研究成果和应用案例涌现。尽管我在写作过程中不断更新内容，但仍有一些最新的进展未能及时纳入书中。这也让我意识到，人工智能领域的知识更新速度极快，本书的内容或许只能算是这一领域的一个"快照"。未来，我会持续关注并亲身参与人工智能的发展，并希望有机会在后续版本中补充更多新的内容。

本书的完成离不开许多人的帮助与支持。首先，我要感谢中国工人出版社的编辑魏可老师，她在本书的策划、写作和出版过程中给予了我极大的支持和帮助。其次，我要感谢汉王科技的同事们。书中的部分章节由王静文、尉靖超、庞素蕾协助我完成，他们还参与了本书的前期策划和后期的反复核对和校正。第二章中关于机器嗅觉和味觉的部分，得益于刘卫红博士的深入研究。其中一部分插图更是来源于我们真实的产品和项目，书中的插图则获得了刘金凤、李佳航和刘银苹的大力协助，使内容更加生动形象。没有他们的帮助，本书将难以顺利完成。最后，我要感谢所有为人工智能领域作出贡献的研究者和从业者。正是他们的不懈努力，才使人工智能技术得以快速发展，并为我们提供了丰富的知识和案例。在写作过程中，我参考了大量的互联网资料和一些图书文献，难以一一列举。这些内容为本书的撰写提供了坚实的基础。在此，我一并表示衷心的感谢。

人工智能是一个复杂且广阔的领域，尽管我在写作过程中力求准确和全面，但由于个人水平和时间有限，书中难免存在一些不精准或疏漏之处。我诚挚地欢迎广大读者提出批评和建议，读者朋友们的反馈能让本书内容在未来有更好的更新和完善。

　　人工智能的时代已经到来,它不仅是技术专家的领域,更是每一个普通人都可以参与和受益的领域。希望通过本书,能够帮助广大读者朋友更好地理解人工智能,掌握人工智能,并在未来的工作和生活中与人工智能共同成长。

彭 菲

2025 年 3 月

壹 人工智能，何方神圣

第一节 揭开人工智能的神秘面纱 002

第二节 时光穿梭，人工智能的昨天与今天 008
一、起步发展期：人工智能概念的首次提出 008
二、反思发展期：人工智能发展的第一次寒冬 010
三、应用发展期：人工智能发展的新高潮 011
四、低迷发展期：人工智能发展再次遇冷 012
五、稳步发展期：人工智能走向实用 013

第三节 技术解码，一览人工智能的核心秘籍 016
一、人工智能：模仿和拓展人类智能 016
二、算法、算力和数据：人工智能的"三驾马车" 018
三、深度学习：模拟人脑的算法 023
四、AIGC：人工智能生成内容 026
五、大模型："大力"出奇迹 029

贰 前沿人工智能，触手可及

第一节 视觉技术：让机器看懂世界，还能画画 036
一、人脸识别及生物特征识别：身体即密码 039
二、光学字符识别和手写识别：让机器学会认字 042
三、智能视频分析：让机器看懂视频 045
四、视觉与多传感器综合：多维度信息综合使用 047
五、大模型时代的视觉技术：带来更强视觉互动体验 049

第二节　语音技术：让机器听懂声音，学会说话　054

一、语音识别：让机器听懂人类语言　054

二、工业声音检测：对设备进行"听诊"　058

三、语音合成与语音克隆：机器也能"说话"　061

四、声纹识别：用声音分辨你是谁　064

五、大模型时代的语音技术：语音技术的新发展　067

第三节　机器嗅觉和味觉：让机器也能"闻香识味"　071

一、生物嗅觉与味觉感知机理　071

二、机器嗅觉与味觉系统　075

三、机器嗅觉与味觉系统的应用领域　077

四、气味合成技术与应用　084

五、气味预测技术　085

六、数字嗅觉与味觉技术的挑战与未来　088

第四节　自然语言处理：让机器理解人类，流畅对话　090

一、机器翻译：不同语言之间转换　091

二、对话系统：和人类流畅对话　093

三、情感分析：洞察他人情绪　095

四、信息抽取：提取关键信息　097

五、大语言模型：综合完成多项任务　098

第五节　机器人：让 AI 具备"肉身"的感受　102

一、机器人的关键技术　103

二、机器人的形态 104

三、机器人的应用领域 112

叁 人工智能与你我他

第一节 了解人工智能，拥抱数字时代 120

一、数字生存能力：使用数字技术完成日常活动 121

二、数字安全能力：采用数字技术保障信息财产安全 123

三、数字思维能力：利用数字技术提升思维 125

四、掌握几个技巧，提升数字素养 126

第二节 提升办公效率，人工智能来助攻 162

一、高效日常工作 162

二、便捷审批流程 168

三、精专领域表现 170

第三节 赋能智能制造，人工智能很给力 179

一、缘起：工业 1.0 到工业 4.0 179

二、发展：人工智能 + 智能制造 181

三、延伸：智能工厂 190

四、展望：智能制造，通往何方 196

第四节 保障生产安全，人工智能来护航 199

一、生产环境 199

二、生产过程 203

第五节 人工智能让生活更美好 207

一、便捷生活 207

二、健康管理 212
三、家庭教育 214
四、AIGC 创作 216
五、休闲娱乐 217

肆 风险与机遇并存，人工智能是把"双刃剑"

第一节 工作变化，人工智能带来的新挑战 226
一、人工智能是否会取代人工 226
二、哪些工作容易或不容易被取代 227
三、未来有哪些可预见的新兴工作 233

第二节 潜在风险知多少，人工智能的"另一面" 237
一、人工智能技术的局限性 237
二、人工智能技术的滥用 239
三、人工智能技术的恶意利用 242

第三节 面对风险，我们如何应对 248
一、合理使用，保持清醒 248
二、谨慎使用，注意防范 250
三、合法使用，学会维权 252

第四节 熟悉法律法规，保护你我他 255
一、人工智能技术安全 255

二、知识产权安全 257
三、个人信息安全 258
四、消费安全 260
五、未成年人安全 262

伍　未来已来，人工智能引领新浪潮

第一节　技术革命：人工智能如何重塑未来 270
一、通用人工智能 270
二、情感智能 271
三、算法、算力与数据优化 272
四、跨学科、多技术融合 272
五、具身智能 273
六、伦理与价值观 274

第二节　产业变革：人工智能对产业格局的深远影响 275
一、极大提高生产力 275
二、促进相关产业升级和转型 276
三、出现多种形态的智能硬件 278
四、机器人员工上岗 278
五、规范 AI 伴侣与数字复活 280

人工智能，何方神圣

壹

智造者说：
大国工匠讲 AI 通识

◇ 第一节　揭开人工智能的神秘面纱 ◇

如果你看过《流浪地球 2》，一定对影片中的大反派莫斯（Moss）印象深刻。莫斯的前身是一台智能量子计算机，后来科学家图恒宇将自己去世的女儿的思维上传到里面。它能在最短的时间内做出最正确的决定，拥有"秒杀"一切人类的理性和判断力。在国内外许多的科幻片中，我们都能找到像莫斯这样的角色，它们是《2001 太空漫游》里名叫 HAL9000 的电脑，或者仅仅是一个虚拟形象，如在电影《她》里面化身为萨曼莎的人工智能系统 OS1。这些角色能像人一样与人类进行交流，给予人类情感陪伴，甚至以超人的智慧解决人类的难题，反映了不同时代的人们对于人工智能的期待和想象。

从这些影视作品中，我们不难总结出人们对于人工智能的几种典型想象和担忧：

首先，人工智能通常展现出了远超人类的计算和决策能力。它们可以在瞬间分析大量数据，做出最优决策。不论是在电影中，还

图1-1 科幻作品中具备高智能的机器人（图源AI生成）

是在现实生活中，人们都非常期待人工智能能够提高生产力，帮助我们解决问题，并辅助我们开拓新的研究领域。

其次，人工智能表现出了情感和社交方面的能力。在电影中，一些人工智能的角色往往能够给人们挚友般的温暖，理解人们的情绪，甚至与人们就感兴趣的话题进行深入的畅聊。在当代社会中，越来越快的工作节奏和日渐增长的生活压力，常常让我们希望身边能有一位24小时"在线"的朋友，不论我们什么时候感到孤独，

"ta"都可以听我们倾诉，安慰我们，逗我们开心。

最后，人工智能还可能会自我意识觉醒。这对人类来说可不算什么好消息，在科幻片中，人工智能的意识觉醒后，会利用自己的自主决策权，对人类社会造成毁灭性影响，并且反过来控制人类、奴役人类。这类剧情屡见不鲜，就如同电影《黑客帝国》中，人工智能"矩阵"（Matrix）将人类囚禁起来，当作给自己"供能"的"电池"。这样的想象反映出人们对于人工智能的矛盾心理：一方面，人们期待人工智能是一种具有强大能力，且能让人灵活使用的工具；另一方面，人们又担心这位可以陪伴我们的朋友在有了自我意识之后，随即会失控并反过来控制我们。

科幻片中想象出来的人工智能，在现实生活中是否存在呢？它们离我们有多远？如果科技发展得足够迅速，我们是否有机会在有生之年看到像莫斯那样的人工智能出现？人工智能最终真的会发展到危害人类的程度吗？影视作品中的描述并非空穴来风，人工智能的开发者们确实正在使人工智能在智能方面更加强大，能够在更短的时间内做出正确决策。不过，影视作品的剧情也并非全是事实，人工智能到底有没有自主意识，仍是研究者、开发者在争论的热门话题。我们唯一可以确认的事实是，人工智能已经参与到我们生活中的方方面面，虽然并不像电影情节那样跌宕起伏、轰轰烈烈，而是润物细无声地给我们的生活提供着便利和帮助。

在现实生活中，我们的衣、食、住、行都有人工智能参与的痕迹。

当我们在一些购物 App 浏览衣服时，我们往往需要借助模特穿着的效果图来参考自己穿上身的效果。其实，目前人工智能和增强现实技术的结合，已经能够帮助我们实现"试穿"的效果。比如，由快手可图团队开发的 Kolors Virtual Try-On，它只需要我们上传自己的人像图片和想要试穿的衣服图片，就可以将衣服的图片与人像图片自然融合在一起，形成逼真的虚拟试穿效果。不过，在处理时它可能也会犯一些小错误，如在某些试穿细节上穿帮。随着技术的不断完善和突破，也许某一天，我们在线上浏览挑选衣服时，不再需要借鉴模特的效果图，而是可以直接看到自己穿上它们的效果。

中午做饭前，我们去超市购买当天所需的食材。售货员将蔬菜直接放到称重计上，它的屏幕就会自动显示出蔬菜品类，而不需要输入长长的货号。机器视觉技术使这个原本复杂的流程变得非常简单，它能够借助小小的摄像头，识别出眼前的红色圆圆的东西是西红柿还是苹果。不过，有时候它也会出错，面对放在透明塑料袋中的蔬菜，它会识别成毫不相干的其他蔬菜。这就需要售货员来人工点选正确的蔬菜类别，完成称重。在这个短短的过程中，你已经观察到人工智能功能的强大和它的脆弱性——当它出现错误时，仍需要人类来进行纠正。

下班回到家，疲惫的你想听一首舒缓的歌曲，于是你开口"叫醒"家中的智能音箱。一个温暖的女声从智能音箱中响起，欢迎你的归来，并为你播放了一首你最爱听的歌曲。当你在熟悉的音乐节奏中尽情地释放白天的压力时，眼前小小的智能音箱使用语音识别、自然语言处理和物联网等技术来识别是你在呼唤它，听懂你在说什么并给出你所期待的回应，帮你控制每一个智能家居设备，不论是为你放一首歌，还是帮你调低电视的音量。

周末，你想和家人驱车去一个新开发的旅游景点玩，仅有几个车位的停车场不再使你皱眉。具备自动泊车功能的汽车使你比以前更轻松地停车入位，与其自行想一个最方便的停车策略，不如将这

壹
人工智能，何方神圣

个问题交给自动泊车系统，让它通过传感器识别出周围的可用车位，由你选一个想停的车位，再让系统根据你选择的车位和当前你车辆的位置，计算出停车的轨迹，实现自动泊车。等你从旅游景点回到停车场时，自动泊车系统可以帮你自动泊出车位，你所需要做的只有观察周围环境，保证自己在紧急状态时能够接管车辆即可。

了解了人工智能对我们生活方方面面的改变之后，你是否进一步理解了曾经听上去有些抽象的"人工智能"？现在功能强大的人工智能，是如何从最早期的设想，一步步发展到如今的呢？

第二节 时光穿梭，人工智能的昨天与今天

如今能为我们生活提供这么多便利的人工智能，其实在70年前还只是一个由科学家们讨论的概念。人工智能从最初简单的概念设想发展成为现在广泛的技术应用，这个过程并非一帆风顺，而是经历了起起落落，才有了如今的突破和进展。

一、起步发展期：人工智能概念的首次提出

20世纪50年代，计算机科学处于起步阶段，科学家们致力于探索如何能让机器模拟人类智能。艾伦·麦席森·图灵（Alan Mathison Turing）和约翰·冯·诺伊曼（John von Neumann）等计算机领域的先驱认为，人脑与计算机之间存在极强的相似性，可以将人脑类比为计算机。他们认为，人类智能可以被复制到计算机程序中。

达特茅斯学院的数学助理教授约翰·麦卡锡（John McCarthy）受到约翰·冯·诺伊曼的影响，对于计算机模拟人类智能产生了兴趣。因此，他在达特茅斯学院组织了一次会议，召集了一批先驱科

学家，包括马文·明斯基（Marvin Minsky）、艾伦·纽厄尔（Allen Newell）、赫伯特·西蒙（Herbert Simon）等，来探讨如何让机器模拟人类智能。麦卡锡在会上首次将这个新兴领域命名为"人工智能"。

这次会议进行了很多有趣的讨论，虽然大家没有达成一致意见，但对"人工智能"的发展都很乐观。麦卡锡在 20 世纪 60 年代创立了斯坦福人工智能项目（Stanford Artificial Intelligence Project），目标是"在 10 年内打造一台完全智能的机器"。西蒙预测"用不了 20 年，机器就能完成人类会做的任何事情"。而创立了麻省理工学院人工智能实验室（MIT AI Lab）的明斯基则认为，"关于创造'人工智能'的问题将得到一代人实质性的解决"。

在提出了人工智能的概念后，该领域的研究人员取得了一些显著的研究成果，如机器定理证明，也就是用计算机程序来自动证明数学定理；又如采用与人类思维方式非常相似的学习方式训练出的跳棋程序，这个程序能够模拟玩家的思考过程，预测对手的走法，并选择最优的走法来应对。这些研究成果掀起了人工智能发展的第一个高潮。

二、反思发展期：人工智能发展的第一次寒冬

20世纪60年代至70年代初期，明斯基等人对于人工智能的发展充满信心，已有的突破性研究成果让人们对人工智能寄予厚望。但是，当研究人员开始尝试更有挑战性的任务，并设定一些不切实际的开发目标时，失败接踵而来。

由美国国家科学研究委员会（URC）提供资金支持的机器翻译项目就闹出了翻译笑话，翻译系统将英语"精神愿意，但肉体软弱"翻译为俄语，再译回英语，结果变成了"威士忌强壮，但肉体腐烂"。机器翻译的输出不仅远逊于人工翻译的输出，而且成本高、耗时长。最终，美国国家科学研究委员会终止了对机器翻译的所有支持。这也反映了当时人工智能发展所面临的窘境：由于缺乏明确的目标和实际应用价值，很多项目的资助资金都被取消了。尽管当时的研究人员在算法上有所研究，但受限于计算机硬件性能不足，许多实际问题无法得到有效解决，研究进展十分缓慢。

人工智能研究的低迷并不仅限于美国。1973年，英国著名数学家莱特希尔认为当时的人工智能根本无法在更广泛的领域内模仿人类的大脑活动来解决问题。受他的影响，英国政府大幅削减对人工

智能研究的资助。人工智能领域的发展也进入了低迷期。

三、应用发展期：人工智能发展的新高潮

20世纪70年代，专家系统开始出现并逐渐成熟。专家系统能够将领域专家的知识转化为规则和逻辑，来模拟人类专家的决策过程。比如，斯坦福大学研制的DENDRAL专家系统具备非常丰富的化学知识，可以根据质谱数据帮助化学家推断分子结构。在此之后，麻省理工学院研制了MACSYMA系统，经过不断扩充，这个系统能够解出600多种数学问题。专家系统可以视为知识库（Knowledge Base）与推理机（Inference Machine）的结合，基于知识来进行推理。

20世纪80年代中期，专家系统的成功案例激增，许多公司纷纷成立了人工智能部门。一些科幻电影的流行也激起了公众对于人工智能的期待和想象。人工智能专家开始了创业，麻省理工学院涌现了大量初创公司，甚至还有"AI巷"。到1985年，不同公司在人工智能方面的投入有爆炸性的增长，近150家公司在人工智能方面投入了10亿美元。

随着计算机技术的不断迭代和更多资金的涌入，人工智能发展进入了新的高潮。这一时期出现了许多著名的成果：1979年7月，

由卡内基梅隆大学计算机科学教授汉斯·柏林格（Hans Berlinger）设计的名为 BKG9.8 的计算机程序，在西洋双陆棋锦标赛中击败人类，获得冠军，赢得了 5000 美元的奖金。

四、低迷发展期：人工智能发展再次遇冷

专家系统的发展带来了人工智能发展的高潮，可惜好景不长。彼时的专家系统需要专门的 LISP 机器硬件，既昂贵又笨重，并且依赖人工编制的规则来进行判断，不能自行更新，维护复杂且成本高昂。LISP 机器硬件未能实现预期的商业回报，导致公司资金枯竭，最终许多 AI 初创公司都倒闭了。随着计算机硬件的快速发展，有着更快 CPU 频率和速度的个人电脑（Personal Computer, PC）开始出现，这种个人电脑的性能得到了显著提升，价格却大幅下降，使基于通用硬件的解决方案变得更加经济实惠。在种种劣势的作用下，LISP 机器硬件产业无力与快速普及的个人电脑产业进行抗衡，在主流市场的地位逐渐下降。

1983 年，美国启动了战略计算计划（Strategic Computing Initiative, SCI），目标是在 10 年内开发出先进的人工智能，研究人员希望能够开发出一种每秒运行 100 亿条指令的机器，这个机器

像人脑那样复杂，有着类似人类的视觉、听觉、语言和思维。这些目标就像是在描述现在的人工智能。然而，即使是今天的人工智能，也做不到像人类一样有自然的视觉、听觉、语言和思维。SCI 在 40 余年前提出的设想虽然前沿，但显而易见，这些项目在当时很难达到预期的智能水平，失败是其必然的结局。

在这样的情况下，人们对专家系统和人工智能产生了质疑，人工智能的发展也再次进入寒冬。

五、稳步发展期：人工智能走向实用

20 世纪 90 年代，人工智能发展史上出现了一件里程碑式事件：由 IBM 开发的用于分析国际象棋的超级计算机"深蓝"，在象棋比赛中击败了国际象棋冠军加里·卡斯帕罗夫。"深蓝"是怎么赢得比赛的呢？IBM 的开发人员让"深蓝"学习了 100 年以来的所有象棋大师开局和残局的走法，使它能够搜寻并预判随后的 12 步棋。"深蓝"依靠强大的计算能力，穷举所有可能的走法来选择最佳策略，最终赢得了比赛。

21 世纪的大数据时代为人工智能提供了丰富的数据资源，计算能力的显著提升和深度学习算法的突破，使人工智能在机器视

觉、语音技术、自然语言处理等多个领域取得了显著的进展。2012年的 ImageNet 大规模视觉识别挑战赛（ILSVRC, ImageNet Large Scale Visual Recognition Challenge）和 2016 年 AlphaGo 战胜围棋世界冠军李世石，都是这一时期的标志性事件，引发了全球人工智能领域的深度学习热潮。与"深蓝"的暴力搜索算法不同，AlphaGo 依托更加先进的算法：强化学习让它拥有自学能力，深度学习让它能够评估当下棋局的优劣，预测不同走法可能会导致的结果，量化这些走法的胜率，从而选择最优的策略。

过去，人工智能能够在象棋对弈中战胜人类；现如今，有的公司开发出帮助小朋友学习象棋与围棋、与人们对弈的机器人。机器人对于下棋的经验非常丰富，它可以根据下棋者的水平安排难度适中的对弈，做一个旗鼓相当的对手，在对弈过程中给人以无限挑战的乐趣；它也可以为下棋者提供下棋练习，是一个耐心的老师，在一次次对弈中让下棋者的能力得到不断提升。

从国际象棋到更加复杂的围棋，从机械的计算到智能的强化学习，人工智能在这些方面取得的进步，只是其高速发展过程中一个小小的体现。实际上，深度学习方法为计算机视觉和自然语言处理等领域带来了革命性的进步。基于深度卷积网络的图像分类技术在很多应用场景中已经超过人眼的准确率,基于深度神经网络的语音识别技术在某些场景中也已经超过人耳的分辨率。

经过多年的发展,人工智能的多项技术逐渐趋于成熟,人工智能越来越多地从实验室走向现实,过去未能实现的多种关于人工智能的设想,也都一步步实现。自从 OpenAI 于 2022 年推出了 ChatGPT 之后,国内外越来越多的公司开始研发与之类似的具备各种技能的聊天机器人。人们已经逐渐适应了与人工智能共存的生活——它可以回答各式各样的问题、按照要求写出文章、翻译外语……这些都展现出了人工智能在实际应用中的巨大潜力。与此同时,人工智能在机器人领域也取得了显著进展。工业机器人不再局限于简单重复的任务,其智能化程度大幅提升,能够通过机器学习算法实现更精准、高效地生产作业,显著提高了工业生产的质量和效率。服务型机器人也逐渐走进人们的生活,在酒店、餐厅等场所,机器人可以承担引导、送餐等工作,为人们提供便捷的服务。在医疗领域,手术机器人借助人工智能技术,能够辅助医生进行更精细、安全的手术操作,提升手术的成功率。

第三节 技术解码，一览人工智能的核心秘籍

在人工智能这片蓬勃发展的热土上，技术革新日新月异，对于广大非专业人士而言，纷繁复杂的专业术语既引人瞩目又略显高深。诸如 AIGC、深度学习、大模型等概念层出不穷，让人目不暇接。为了揭开这些技术的神秘面纱，本节将化繁为简，挑选核心前沿概念进行剖析，帮助初学者轻松踏入人工智能的奇妙世界。

一、人工智能：模仿和拓展人类智能

自 2016 年 AlphaGo 横空出世以来，人工智能这一术语迅速跃升为全民热议的焦点。那么，究竟何为人工智能？简言之，它被广泛定义为一种能够模拟并拓展人类智能范畴的"仿人"技术，即能通过计算机实现人脑的思维能力，包括感知、决策以及行动。简单来说，人工智能探寻的是如何用机器来模拟、延伸和扩展人类的智能，如让机器会听、看、说，会思考、行动、决策，就像人类一样。

人工智能按照智能程度大致可以分成三类：弱人工智能、强人工智能和超人工智能。

1. 弱人工智能

弱人工智能只专注于完成某个特别设定的任务，也可以称为特定任务人工智能，或者狭义人工智能。弱人工智能通常基于特定的算法和模型，能够处理和分析大量的数据，并从中提取有用的信息。弱人工智能的应用范围非常广泛，包括人脸识别、语音识别和机器翻译等。名噪一时的AlphaGo，也属于弱人工智能的范畴。虽然AlphaGo可以打败人类围棋世界冠军，但是却无法处理围棋以外的任何事情。

2. 强人工智能

强人工智能，也称为通用人工智能，或者广义人工智能，可以将其理解为一种具备与人类智慧相当或有所超越，像人一样具有知觉、自我意识、能够独立思考和胜任人类各种工作的人工智能。目前，虽然AI在某些领域取得了显著的成就，包括目前大火的大模型技术，但这些成就还远远不能证明我们已经找到了通往强人工智能的路。强人工智能会不会到来，何时到来，如何到来，都充满了挑战和不确定性，而科学家们不会停止持续探索的脚步。在追寻强人工智能的道路上，我们也需要考虑潜在的风险和挑战。

3. 超人工智能

超人工智能是人工智能的最高级别，它具有自我学习和进化的能力，可以自我改进和优化，从而在各个领域自主完成各种任务。实际生活中，超人工智能还只是存在于理论中以及科幻作品里，如电影《终结者》《流浪地球》等。

总的来说，人工智能的发展已经取得了巨大的成就，被普遍认为是发展新质生产力的重要引擎，是引领新一轮产业革命的核心科技力量之一。随着科技的不断发展，人工智能可以提高生产效率和人类生活质量，在更多领域发挥重要作用，并推动社会进步和经济发展。

二、算法、算力和数据：人工智能的"三驾马车"

人工智能发展的三要素：算法、算力和数据，也被称为人工智能发展的三大引擎或者"三驾马车"。这三者相辅相成，共同推动着人工智能技术的不断突破与创新。

图1-2 人工智能发展三要素

(一)算法:人工智能的"大脑"

算法,是人工智能的"大脑",是用于解决特定问题的数学模型和计算方法。算法通过模拟人类的智能行为,使计算机能够像人一样思考和行动。人工智能的发展离不开先进算法的支持,例如,在物流配送中,规划最优配送路线的算法,可以找到最节省时间和成本的路径;在计算机视觉任务中,利用构建多层神经网络的深度学习算法,在海量数据中自动学习特征表示,实现复杂的模式识别任务。

近年来,随着计算能力的大幅提升,算法研究获得了显著的突破。从专家系统过渡到机器学习，由深度学习迈进大模型时代，算法的持续进步不断拓展着 AI 技术的范畴。不过，算法的演进同样遭遇了众多挑战，如模型的可解释性、计算资源的大量消耗等。因此，怎样设计出低成本和更具可解释性的算法，是当下研究的重要方向。

（二）算力：人工智能的"引擎"

算力，即计算能力，是人工智能的"引擎"，是支撑人工智能算法运行和数据处理的基础设施。随着人工智能技术的不断发展，对算力的需求也在持续增长。特别是步入大模型时代，需要处理海量的数据，模型的参数更是常常达到百亿乃至万亿。倘若没有高性能 GPU 集群提供算力，就好似没有工具的蚂蚁妄图绕行地球。

为什么说到算力，总会提到 GPU 呢？GPU 是显卡的"心脏"，全称为 Graphics Processing Unit（图形处理单元），最初是为了处理图形渲染任务而设计的。随着技术的发展，GPU 以其强大的并行计算能力被广泛应用于深度学习、科学计算、人工智能等需要大量数据并行处理的领域。与传统的中央处理器（Central Processing Unit，CPU）相比，GPU 具有更多的核心处理和更高的并行处理能力,可以同时处理多个数据,大大提高了计算效率。目前,英伟达(NVIDIA)凭借其在人工智能和 GPU 领域的卓越表现,占据了全球绝大部分人工智能芯片份额。近年来,中国国内的许多 GPU 企业如景嘉微、寒武纪、摩尔线程等开始崭露头角。通过持续的投入和努力,国产 GPU 在性能、功能和应用领域等方面都有了提升,逐渐赢得了市场的认可和用户的信任。

然而,算力的发展亦面临着诸如能耗过高、成本高昂等诸多挑战。一块高性能的 GPU 显卡售价高达十几万元,而构建 GPU 集群,则需要数千乃至数万张显卡,并且电能的消耗同样是巨大的。目前,研究者们正在探索更加高效、可持续的算力解决方案。例如,正在探索的量子计算等前沿技术,未来可能实现传统计算机难以企及的计算复杂度和效率。与此同时,为了更好地支撑这一算力需求的激增,并促进区域经济协调发展,多地政府积极筹备并建设算力中心,实施"东数西算"等战略布局,实现数据资源的高效调度与利用。

(三)数据:人工智能的"养料"

数据,是人工智能的"养料",是驱动人工智能技术发展的重要基础。没有高质量数据的支持，就如同巧妇难为无米之炊，算法和算力就无用武之地。

随着大模型时代的来临，研究者们对于数据尤其是高质量数据的需求越来越强烈。GPT-1利用了5GB左右的数据（相当于7000本图书的内容），到GPT3则扩展到45TB。后续的ChatGPT和GPT-4等模型，不仅用到更多的互联网数据，还有大量的人工团队对数据进行清洗和标注，制造出高质量数据，用于对模型的"投喂"。目前，垂直领域的专业人工智能模型，更是需要通过高质量的行业数据进行训练学习，才能发挥出作用。

目前，数据的供给问题也引起了多方的关注。一方面，高质量、高价值的数据资源相对稀缺；另一方面，数据孤岛、数据隐私保护等问题也制约了数据的流通和利用。此外，数据标注成本高、数据质量参差不齐等问题也增加了数据处理的难度。

近年来，公共数据运营成为关注焦点。经政府授权与市场化运作，公共数据运营机构可汇聚加工海量公共数据，形成有价值的产品和服务供市场使用，提升数据供给质效，促进数据共享利用。2023年10月25日，国家数据局挂牌，负责协调推进数据资源基础制度建设，统筹数据资源整合共享和开发利用，统筹推进数字中国、数字经济、数字社会规划和建设等。2024年6月21日，在"2024全球数字经济大会"新闻发布会上，北京市经济和信息化局副局长潘锋介绍，北京国际大数据交易所累计引入数据产品超2000款，数据交易规模累计达到45亿元。

算法决定了如何处理数据，算力则决定了处理数据的速度和效率，而数据是算法和算力的处理对象，三者相互关联，共同推动着信息技术的发展和应用。

三、深度学习：模拟人脑的算法

深度学习（Deep Learning, DL）是机器学习（Machine Learning, ML）领域一个重要的研究方向。机器学习是一种通过计算机系统学习和自动化推理，从数据中获取知识和经验，并利用这些知识和经验进行模式识别、预测和决策的技术。机器学习通过数据驱动的方式，不再单纯依赖专家编写的规则，具备更强的泛化能力。

相比传统的机器学习模型，深度学习模型通过引入更深层次的神经网络结构，具有更高的复杂性和更强的表达能力，能够自动从

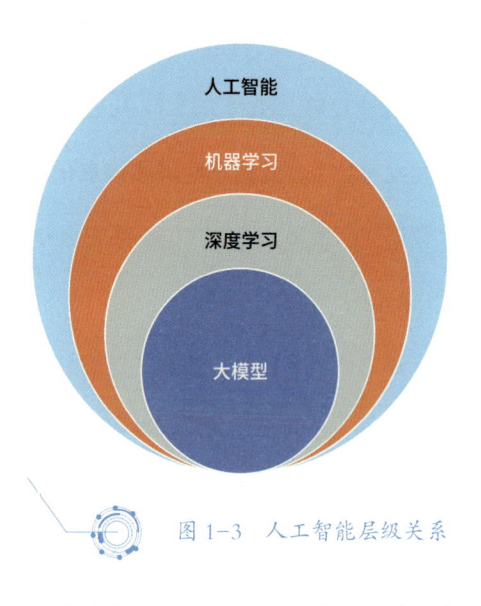

数据中学习到高级特征表示，通常能够表现出更好的性能和效果。

从历史角度来看，深度学习的概念早在 20 世纪 80 年代就已经出现，但是由于训练深层神经网络时遇到的梯度消失或者梯度爆炸，以及计算资源限制等问题，发展非常缓慢。到 2012 年，AlexNet 在 ImageNet 大规模视觉识别挑战赛中横空出世，彻底改变了计算机视觉领域的格局。之后，深度学习开始受到前所未有的关注，并迅速成为计算机视觉、自然语言处理、语音识别等多个领域的研究热点。研究人员纷纷投入对深度学习的研究中，探索更加高效、准确的模型和算法，不断推动人工智能技术的进步。

深度学习发展至今，已有很多典型的网络架构，如卷积神经网络（Convolutional Neural Network，CNN），它们在计算机视觉领域

图 1-3 人工智能层级关系

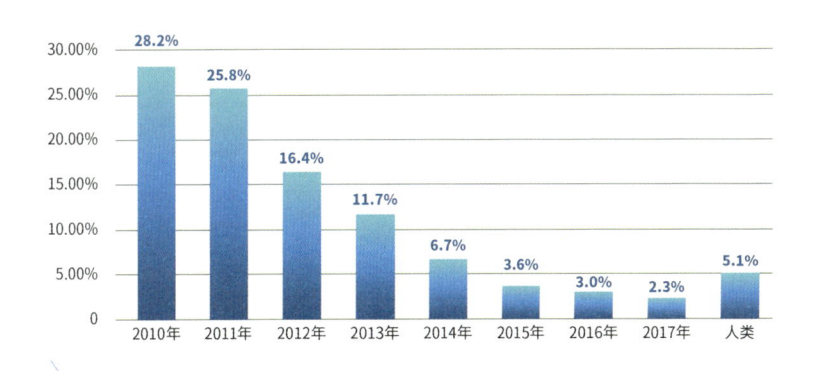

图 1-4　ImageNet 视觉识别竞赛历届冠军识别错误率变比[1]

年份	错误率
2010年	28.2%
2011年	25.8%
2012年	16.4%
2013年	11.7%
2014年	6.7%
2015年	3.6%
2016年	3.0%
2017年	2.3%
人类	5.1%

展现出非凡的效能，如人脸识别、OCR（光学字符识别）等。CNN通过模拟人脑中的视觉处理机制，利用卷积层来自动提取图像中的特征，比传统方法更加高效和准确。

循环神经网络（Recurrent Neural Network，RNN）及长短时记忆网络（Long Short-Term Memory，LSTM）则在处理序列数据如文本、时间序列时表现出色。RNN通过其内部的记忆单元，能够捕捉数据中的时序依赖关系，这对于理解语言的上下文、预测未来的时

---

1. 纵坐标是错误率百分比，2015 年 AlexNet 的比赛结果已经优于最右侧的人类结果。

间趋势等任务至关重要。

近几年，Transformer 架构大放异彩，在不同的模态数据处理中都展现出非凡的能力。目前大火的大模型就是基于 Transformer 架构及其变体训练而成的。

随着研究的深入和技术的不断成熟，相信未来会有更多创新性的深度学习网络架构涌现，为人工智能的发展注入新的活力。

四、AIGC：人工智能生成内容

AIGC 是生成式人工智能（Artificial Intelligence Generated Content）的缩写，是一种自动生成内容的技术集合。GAN（一种用于数据生成的生成对抗网络）、CLIP（一种图像和文本联合表示学习的多模态预训练模型）、Transformer（一种基于注意力机制的深度学习模型）、Diffusion（一种用于图像生成等领域的扩散模型）等技术的发展融合，促进了 AIGC 的爆发增长。

AIGC 的核心价值在于其能够借助智能算法的力量，自动化地创作出既具创意又保持高质量的内容。2022 年被称为 AIGC 元年。在此之前，AIGC 生成内容较为单一，且效果也不太理想，而新一代的模型可以处理的模态大为丰富且支持跨模态产出。它不再受限于传统的创作模式，用户只需简单地输入关键词、描述性文字或提供样本参考，AIGC 便能迅速响应，生成与之紧密相关且独具特色的文本、图像、音频乃至视频内容，极大地拓宽了内容创作的边界与可能性。

按照模态对 AIGC 进行划分，可以划分为文本生成、音频生成、图像生成、视频生成、多模态生成，以及 3D 模型生成、代码生成等。

1. 文本生成

文本生成包括生成新闻报道、文章、小说、对话等。AIGC 可以根据给定的关键词或短语生成连贯、有趣的文本内容。目前，我们可以借助各种大模型如 DeepSeek、文心一言、通义千问、智谱清言等进行文本的生成创作。

2. 音频生成

音频生成包括生成音乐、声音特效、语音等。通过 AIGC 技术，可以生成具有特定风格和情感的音频内容，如 AI 音乐生成模型 Suno、天工 SkyMusic 等。

3. 图像生成

图像生成包括生成艺术作品、插图、图像修复等。利用图像生成模型，AIGC 可以生成高质量的图像内容，满足各种创作需求，如 Stable Diffusion、Midjourney、DALL-E 等国外生图软件，以及国内众多大模型厂商提供的生图接口等。本书中部分插图采用了 AIGC 进行创作。

4. 视频生成

视频生成包括生成短视频、动画、虚拟场景等。AIGC 在视频生成领域的应用日益广泛，为视频创作者提供了更多的创作可能，如 Sora、快手可灵、海螺 AI 等。据报道，国内首部 AIGC 动画片《千秋诗颂》于 2024 年 2 月 26 日在 CCTV-1 播出，推进了文生视频的商业化落地，《千秋诗颂》并非大众所想象的由 AI 一键生成，而是利用多模态大模型来辅助专业人士提高工作效率，实现了人工智能技术与动画创作的深度融合。

5. 多模态生成

除了上述通过文本描述生成对应的图像、视频和音频内容外，AIGC 还可以根据视频生成对应的音乐，根据音频生成文本、图像等；同时融合文本、图像、音频等信息，生成一个包含多种元素的综合性内容，如带有语音解说和动态图像的多媒体故事等，创造出更加丰富和复杂的内容形式。这种多模态的生成能力使 AIGC 在创意产业中具有巨大的应用潜力。

AIGC 的应用前景非常广阔，已在内容创作、娱乐、教育、广告、医疗等多个领域发挥重要作用，为企业和社会带来巨大的价值。与此同时，相关行业的从业者也不必过于担心会被 AI 取代。AI 并不能完全替代人类，而是帮助人类提升效率。比如，在《千秋诗颂》的制作过程中，需要从业人员对整体内容进行创意和构思，反复调整图像的风格和质量，还需要把控画面的一致性等。AIGC 技术也将不断面临新的挑战和机遇，需要不断优化和完善以满足日益增长的需求。

五、大模型："大力"出奇迹

大模型通常是指具有数亿甚至数万亿参数的深度学习模型，为 AIGC 提供了强大的技术支持。近年来，随着计算机技术和大数据的快速发展，深度学习在各个领域取得了显著的成果，如自然语言处理、计算机视觉、语音技术等。为了提高模型的性能，研究者们不断尝试增加模型的参数数量，从而诞生了大模型这一概念。

提到大模型，不得不提 Transformer 架构。Transformer 是一种用于自然语言处理（Natural Language Processing，NLP）和其他序列到序列（sequence-to-sequence）任务的深度学习模型架构，最初由谷歌公司的研究团队在 2017 年提出，用于机器翻译领域。相比卷积神经网络和循环神经网络，Transformer 在并行计算能力、长距离依赖捕捉能力、全局信息捕捉能力等方面都具有显著优势。在自然语言处理领域，许多成功的大模型如 GPT 系列，都是基于 Transformer 模型框架构建的。这些大模型通过扩展 Transformer 的架构，增加更多的参数和层数，以提高模型的表达能力和预测性能。

2022 年底，以 ChatGPT 为代表的大语言模型（Large Language Model，LLM）由于其良好的自然语言理解和生成能力，在全球引发热潮。彼时，由于大语言模型在当时的人工智能应用中最为大众熟知且影响力巨大，不少人将大语言模型与大模型这两个概念混淆。实际上，大模型范畴更为宽泛，涵盖视觉、语音、多模态等多种类型，大语言模型只是其中专注于自然语言处理的一个重要分支。大语言模型的文本理解和生成能力非常强，但是也存在一些问题，如大模型幻觉问题。大模型幻觉是指大语言模型在生成文本时可能出现的一种现象，即生成的内容可能与实际情况不符或出现逻辑上的错误。采用训练数据增强、检索增强生成（Retrieval-augmented Generation, RAG）、验证链（Chain-of Verification，简称 CoVe）等技术可以缓解大模型幻觉问题。

目前，大模型的发展已经不仅仅局限于语言领域，语音大模型、视觉大模型和多模态大模型等也在不断涌现和壮大。这些大模型各自具有独特的优势和应用场景，共同推动着人工智能技术的不断进步和发展。未来，随着技术的不断突破和应用场景的不断拓展，大模型将在更多领域发挥重要作用，为人类带来更加智能化、便捷化的生活体验。

人工智能领域还有诸多专业术语如推荐系统、强化学习、智能体、具身智能等，这里不再一一赘述。有需求进行详细了解的读者朋友，可以自行查阅人工智能相关图书，进行进一步的了解。

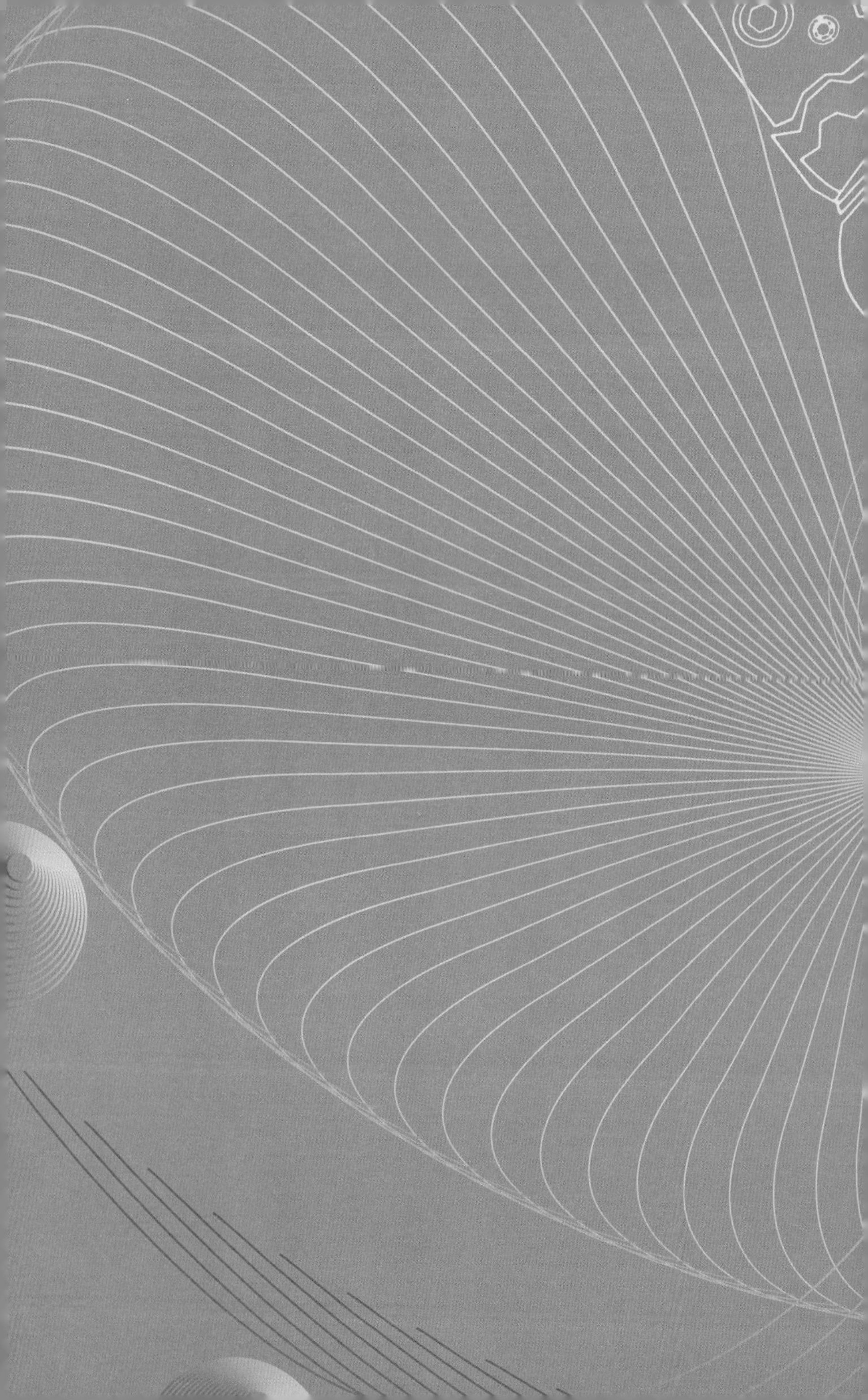

前沿人工智能,
触手可及

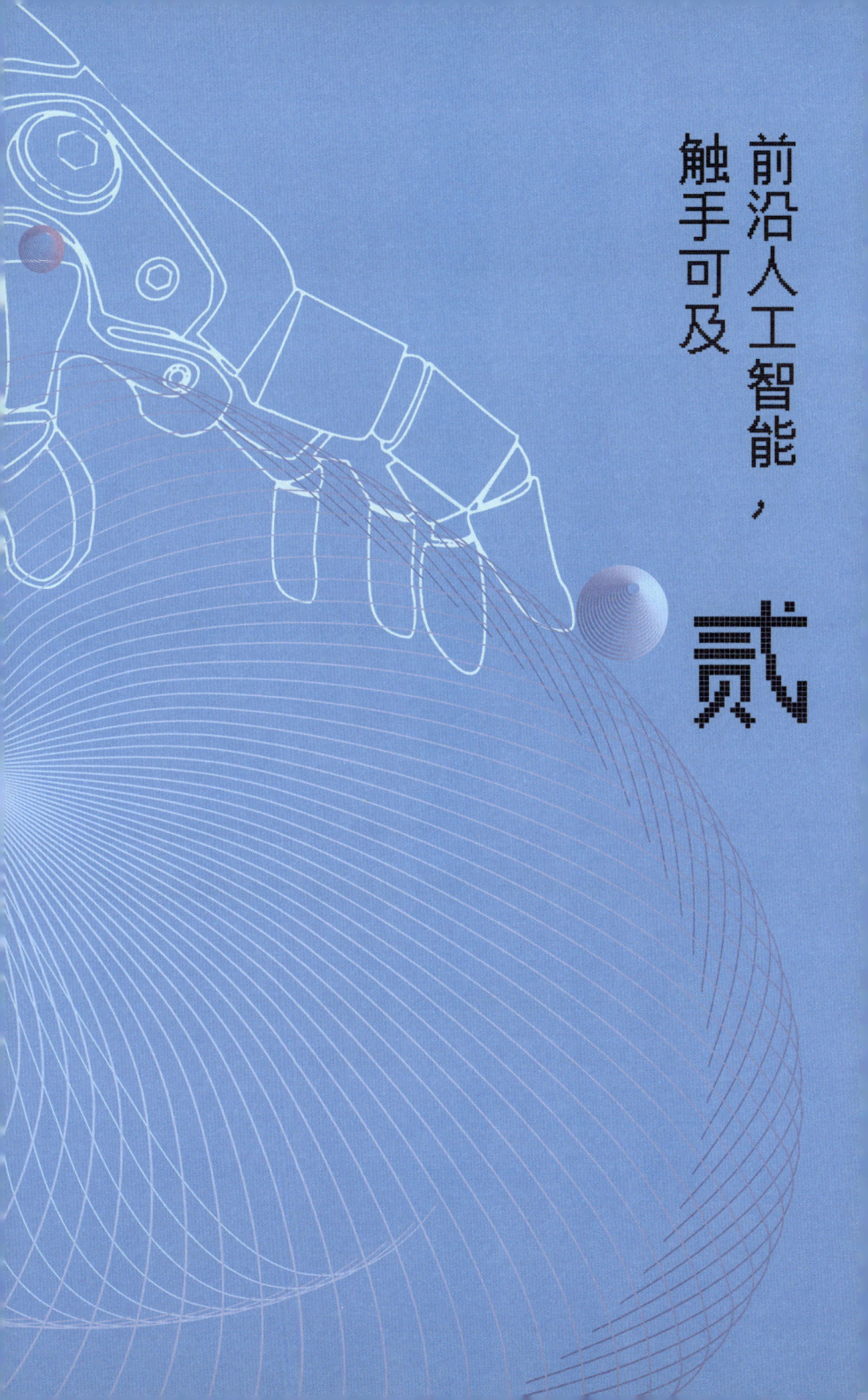

贰

人工智能已经成为推动新一轮科技革命和产业变革的核心力量。它致力于研究、开发和应用各种理论、方法和技术，以模拟、延伸和扩展人类的智能。人工智能不仅在科技领域推动了创新，还在各个行业中展现出巨大的潜力和价值，引领产业变革的新趋势。

人工智能的三个层次是计算智能、感知智能和认知智能。计算智能，即机器"能存会算"的能力。感知智能，即机器"能听会说，能看会认"的能力。认知智能，即机器"能理解会思考"的能力。目前，我们处于感知智能向认知智能过渡的阶段，研究重点也从传统的判别决策转向更具创新性的创造生成。

"具身智能"作为人工智能发展的一个重要分支，是融合感知、思考与行动的未来之路，成为科技界和大众关注的热门话题。具身智能机器人参考人类的行为模式，通过视觉、听觉、触觉、嗅觉和味觉这五感认识世界，通过大脑思考判断事实，进而部分思考会付诸行动，并反馈给五感进行下一步认知。

本书选取上述概念中的一些热门技术进行介绍。

贰
前沿人工智能，触手可及

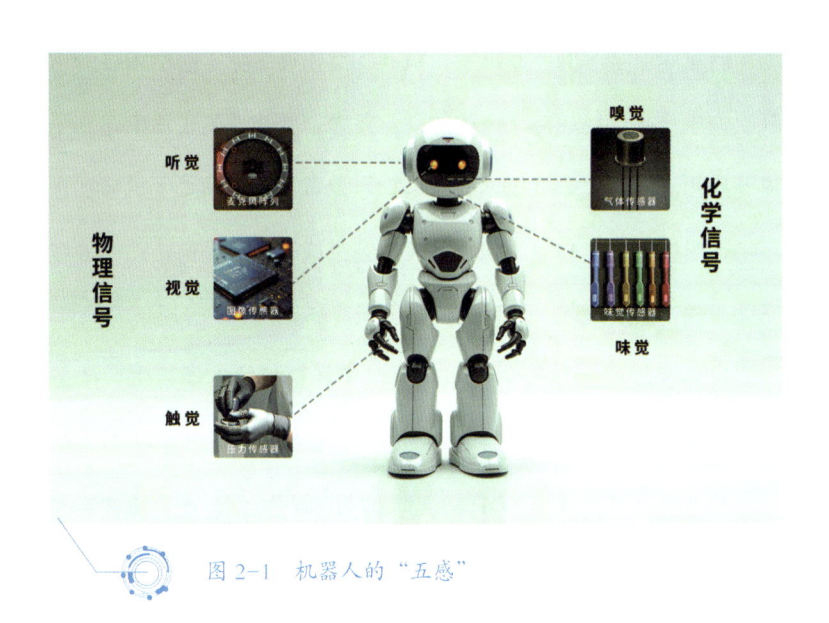

图 2-1 机器人的"五感"

第一节　视觉技术：让机器看懂世界，还能画画

随着深度学习的不断进步，机器视觉领域实现了前所未有的飞跃。许多技术已经超越了人类的视觉能力，并在现实生活中得到了广泛应用。随着生成式技术的兴起，研究者们不再满足于机器视觉任务，纷纷将目光转向图像创作和视频生成领域。目前，这一领域正处于快速发展阶段，涌现出众多创新产品。

机器视觉可以被形象地描述为赋予计算机"人类视觉"的能力。人类的视觉过程是通过眼睛捕捉外界景象，再由大脑中与视觉相关的区域来进行复杂的解读和认知。机器视觉则是通过摄像头模拟眼睛来捕捉外界图像。这些图像是由数百万甚至数亿个独立的像素点组成的，每个像素点都携带着颜色和亮度信息。当摄像机以连续的方式"看到"图像时，这些静态的图像帧就会组合成视频。这些信息随后被传输至计算单元，先进的人工智能技术如同人的大脑一样，对这些内容进行深度解析和理解。

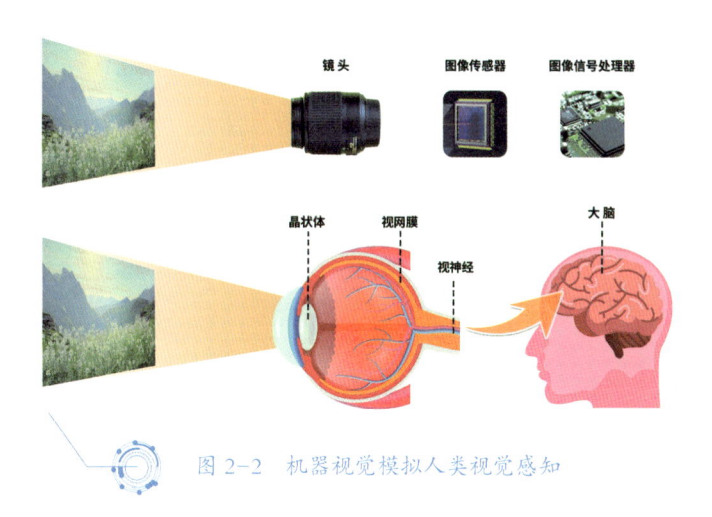

图 2-2 机器视觉模拟人类视觉感知

计算机并不能像人类那样自然快速地分析图像或者视频中的目标，只有被"训练"之后才能做到。训练需要用到大量的图像数据，这些数据需要经过人工处理。训练使用的图像数据与训练任务息息相关，如在人脸识别的任务中只需要关注图像或视频中出现的人脸，对其他目标则进行忽略；用于人脸识别的图像数据，都需要先人工标记出图片中的人脸，以便让计算机来学习。这些图像数据是训练的关键，因为它们提供了学习的样本。在训练阶段，大量标注好的训练图像数据被输入计算中心。通过不断迭代和优化，计算机会逐渐学习如何分析图像或视频中的特定目标。当训练完成后，它就能够识别出特定目标，并对其进行分析。

图 2-3 机器视觉训练和推理过程

机器视觉技术在众多领域都有着广泛的应用，如智慧办公、自动驾驶、智能安防、智能制造、医疗诊断、智慧物流等。在日常生活中，机器视觉也有很多充满趣味又极具实用性的应用。它能够协助我们进行计数，无论是计算串串的签子数量，还是记录孩子们跳绳的次数，它都能尽职尽责地完成。此外，当我们面对陌生的动植物或品牌标志时，还可以通过专门的应用程序拍摄一张照片，让 AI 给我们提供参考答案。在深受女生喜爱的照片美颜方面，AI 更是

"无所不能"，无论是美白、瘦脸还是打造全新的写真风格，它都能一一满足我们的需求。

当前，主流的机器视觉技术涵盖了人脸识别及生物特征识别、光学字符识别与手写识别、智能视频分析以及视觉与传感综合技术等领域。在大模型时代，我们不仅能够对图像和视频进行智能分析和判别，还能够进行图像和视频内容的创作。下面跟随我们一一解锁这些技术和应用场景。

一、人脸识别及生物特征识别：身体即密码

人脸识别技术可以从图像或者视频中找到人的面孔，并依据面孔的五官等特征对面孔的身份进行比对和确认。人脸识别是一项在日常生活中应用非常普遍的技术。手机人脸解锁，上下班面部打卡考勤，火车站、机场、酒店以及大型赛事中身份认证的场景，都离不开这项技术的支持，人脸识别技术甚至可以帮助警察抓逃犯和打拐寻亲。

2021年北京半程马拉松赛事作为北京首个万人规模的赛事，在确保疫情防控的同时，严防替跑等问题成为重中之重。因此，身份核验成为一项既重要又烦琐的任务。这次赛事首次采用了100台AI

人脸识别测温终端，应用于赛前领物、比赛日选手入场、完赛选手颁奖、控制中心管理等各环节，保障了组委会对参赛人员身份信息等大数据的智慧高效管理。在比赛前夕，运动员们会领取号码簿、比赛服装等，并在此时通过人脸识别技术进行身份核验与注册。这一环节确保了参赛者与报名者的身份一致性，即利用机器将身份证上的照片与现场采集的人脸信息进行比对，确保准确无误。到了正式比赛日，由于人脸识别机器已预先储存了所有参赛者的人脸特征信息，运动员们无须再携带身份证等传统证件，只需轻松刷脸即可

图 2-4　人脸识别技术用于大型赛事身份验证

完成身份验证。此外，赛事期间，专业摄影师会捕捉运动员的精彩瞬间，通过人脸识别技术，这些照片能迅速与参赛者的人脸信息相匹配，使运动员能够轻松找到自己的比赛照片。人脸识别技术的应用不仅提高了赛事的公平性，还提升了运动员的参赛体验，免去了携带额外证件的麻烦，同时提高了赛事管理的效率。

人脸识别技术在多起打拐寻亲案件中发挥了重要的作用。2024年10月，张维平拐卖儿童案（又称"梅姨案"）中第9名被拐儿童被确认寻回，自此，该案涉及的所有孩子均被寻回，与家人团聚。根据警方透露，通过大数据人脸识别技术缩小比对范围，结合技术和人力的双重努力，最后通过DNA鉴定进行孩子身份确认。

人脸识别属于基于视觉的生物特征识别技术中的一种，随着技术的飞速发展，它迅速融入了我们的日常生活。除了面部以外，人体还拥有许多的生物特征，这些特征同样可以作为单一的身份凭证。虹膜、指纹、指静脉、掌纹、掌静脉、声纹、笔迹、DNA，乃至每个人走路的姿态，都是独一无二的生物特征，它们已经或者正在被开发并应用于身份验证和识别任务中。目前最新修订的《中华人民共和国居民身份证法》就规定了公民申领、换领、补领居民身份证应当登记指纹信息，进一步增强证件的防伪性能。

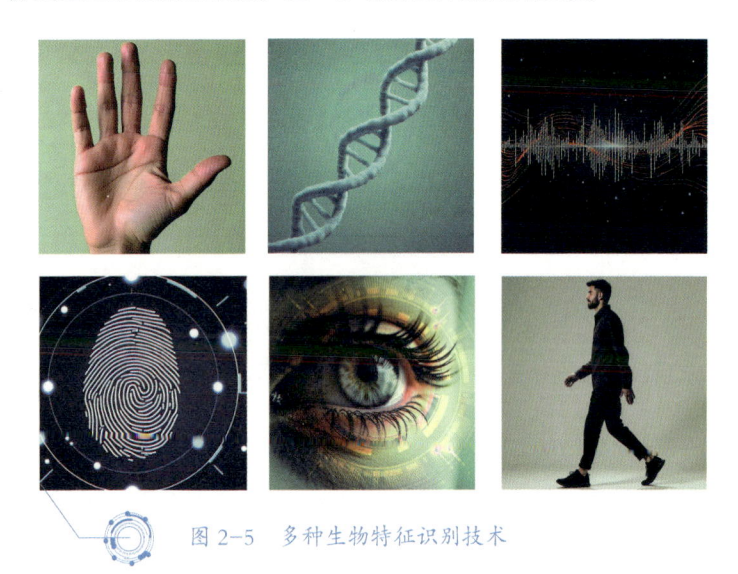

图 2-5　多种生物特征识别技术

二、光学字符识别和手写识别：让机器学会认字

光学字符识别和手写识别都属于文字识别的范畴。光学字符识别（Optical Character Recognition，OCR）技术指的是将纸面上的印刷体文字包含或者手写体内容转化为计算机可编辑、可搜索的字符的过程。这些技术已成为我们日常生活中的得力助手。想象一下，当你面对一份夹杂印刷体和手写体的纸质文档，需要将其转化为电子档案进行数字化保存时，传统的手工录入方式不仅效率低

下，而且容易出错。现在，利用先进的 OCR 和手写识别技术，通过拍摄纸质文档，人工智能技术都能够迅速而准确地识别出文档内容。

手写识别（HandWriting Recognition）是指将手写设备上书写时产生的有序轨迹转化为文字的过程。文字识别从识别对象来说又分成手写体识别和印刷体识别，从识别过程来说分成脱机识别（off-line）和联机识别（on-line）。这里说的手写识别是指联机手写识别，这种识别方式更加符合人们自然的书写习惯，也实现了文字的实时输入和处理，是目前很多用户在手机或智能汽车等人机交互场景下的首要交互方式。

除了对文字本身的识别，现代的人工智能技术已经能够应对更为复杂的文档整体识别任务，包括发票、试卷、化验单甚至古籍、少数民族文献等。更令人兴奋的是，结合大语言模型等先进技术，这些识别后的内容还能得到进一步的理解和加工，为我们提供更为丰富、有价值的信息，这一点将在后续章节的自然语言理解部分进一步介绍。

OCR 的应用对于频繁与纸质文档打交道的专业人员来说，无疑是一大利好。这些技术不仅极大地提高了工作效率，还为这些人员带来了前所未有的便捷。比如，财务人员可以更快地处理大量纸质发票，档案管理人员可以迅速进行纸质档案的录入和整理，古籍整理人员也能更加高效地整理和保存珍贵的古籍文献。

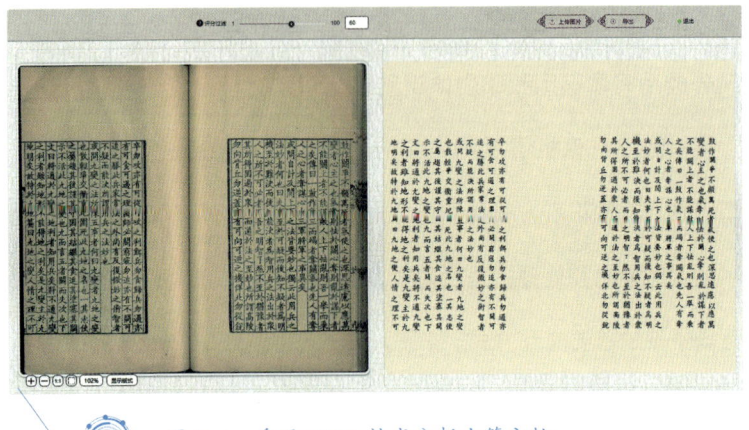

图 2-6　采用 OCR 技术分析古籍文档

以古籍为例，其实人们早已认识到古籍传播的重要性，随着科技的进步，这一想法也从"纸上谈兵"演变为真正的实践。数年前，国家与各地档案馆、图书馆就已经开始开展古籍保存的工作，早期的出发点在于"保护"，即用专门的扫描仪对古籍进行扫描成像。然而，这种方式的缺点在于难搜索，看图像时需要逐页翻看。

2011年底汉王科技开始接触古籍识别，经过多年的技术积累，目前中文古籍识别准确率已超过98%。以国家图书馆地方志的录入为例，经过图像扫描、破损图像处理、版面分析以及录入数据库，识别速度极快。此外，为保证准确度，识别结果可根据需要进行人工校对。最终录入的数据可以自动还原成与古籍版式基本一致的PDF格式，从而为读者营造出古韵。通过科技与文化的结合，推动优秀传统文化融入现代生活和文化交流。

三、智能视频分析：让机器看懂视频

机器视觉技术不仅可以识别静态的图片，还可以对动态的视频进行分析。智能视频分析技术是一种尖端的智能识别技术，具备实时分析监控画面的能力，能够迅速且精确地识别出特定目标或行为。相较于传统的人工视频监控或者分析方式，智能视频分析技术突破了单纯依赖摄像头存储视频并由人工长时间肉眼观察的局限，避免了许多细节的遗漏，极大地提高了工作效率。

在智能安防领域，智能视频分析技术展现出强大的能力。在工厂安防场景中，传统的夜间安保往往需要人员通宵值守。通过引入智能视频分析技术，现在的安防系统能够自主运行，仅在系统检测

到异常时发出告警,安保人员仅需在有告警时进行处理即可,极大地减轻了工作压力。

　　能源管线是城市经济的命脉,特别是城市中的油气输送管道,一旦发生事故,不但影响正常生产,还将面临更严重的人员伤亡、环境污染等问题,因此,高效可靠地保障能源管线安全成为城市安全管控重点。在油气输送管道的安全监测中,过去的人工巡检不仅耗时费力,而且难以保证全天候的监控。现在通过视频分析的智慧巡检技术,巡检人员可以在监控中心轻松监控各个摄像头画面,一

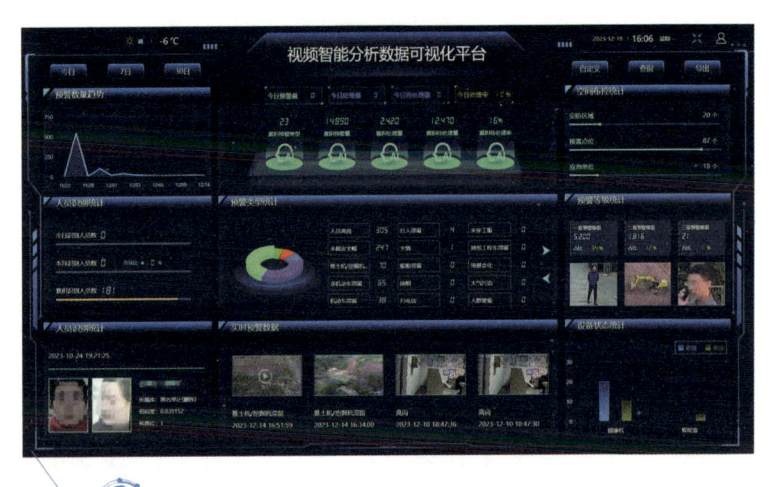

图 2-7　智能视频分析平台界面

旦系统检测到烟雾火焰、重型机械车辆闯入、管道漏油等可能影响管道安全的事件，他们会立即收到告警，并迅速做出响应。这种智能安防方式不仅提高了工作效率，还确保了管道安全得到 24 小时全天候保障。目前，此类技术已经成功应用到新疆、四川、重庆等地的油气输送管道高后果区等场景的安全监控，为城市安全保驾护航。

四、视觉与多传感器综合：多维度信息综合使用

机器视觉通过结合红外线、微波、超声波等传感技术，拓展了人眼的观察范围，在多个维度上实现信息获取与融合，从而高效地完成多种复杂任务。这些技术的综合使用在智能制造领域极为广泛，涵盖了工业零件检测、安全生产监测等多个关键环节。

在制造业生产领域，机器视觉技术发挥着至关重要的作用。它不仅能够精准检测零件是否存在，有效避免因零件缺失而导致的生产流程中断，还能对零件尺寸进行高精度测量，测量效率和准确性比传统方法更高。此外，机器视觉还能够精确检测零件的表面缺陷，如划痕、裂纹、孔洞等，确保产品质量和使用的安全性。在一些有潜在危险的工作环境中，机器视觉能够实时监控工作场所的安全状况，包括人员是否离岗、是否佩戴安全帽、工人操作步骤是否规范等，为安全生产提供了保障。

在汽车制造中，对钣金、焊点、漆面、铸件等工序的缺陷检测尤为重要，其质量控制会直接影响整车的安装精度、驾驶体验、车身刚性等指标。为避免人员长时间工作带来的疲劳、漏检、误检问题，长安汽车项目组在进行涂装白车身表面缺陷检测时，采用海康机器人 CS 系列工业相机，配合深度学习等先进 AI 技术，实现了漆面全分类缺陷检测，准确度达到 99.9%，同时实现了缺陷位置及种类的可视化，现场工人可快速响应处理。

计算机视觉与传感的综合技术在自动驾驶技术中也扮演着举足轻重的角色。一辆自动驾驶车辆通常会配备多个摄像头与传感器，用于识别交通信号、检测行人和车辆以及感知车道线等任务。这些摄像头帮助车辆感知并了解周围环境，为车辆的决策系统提供丰富且关键的信息支持。目前，自动驾驶技术已经在部分地区开始运营，2024 年，"萝卜快跑"出租车在武汉运营。市场上也出现了很多智驾系统，如华为 ADS、小鹏 XNGP 和蔚来 NAD 等，具备辅助驾驶功能，为我们的出行带来更多便捷选择。

五、大模型时代的视觉技术：带来更强视觉互动体验

随着大模型技术的蓬勃发展，相关视觉技术迎来了新的飞跃。图像和视频不仅能被深度解析和理解，还能按照用户的个性化意图进行智能化的自动生成和编辑，为用户带来前所未有的互动体验。

在大模型兴起之前，对于视觉理解任务，工程师们通常需要针对每个特定任务单独训练模型。以车牌识别为例，他们首先训练专门的模型来定位车牌，接着再训练另一个模型来识别车牌上的字符。如果任务还涉及识别车辆的颜色、型号、乘车人员状态等额外信息，那么就需要构建多个复杂的模型组合，并通过精心设计的算法逻辑来调用这些模型。然而，随着大模型时代的来临，工程师们开始追求更为直接和高效的解决方案，即"端到端"地完成对视频的理解。"端到端"指的是无须经过多个独立中间处理步骤或模块转换，直接让大模型学习从原始输入数据（如图像和视频数据）到最终期望输出（如对图像和视频的理解结果，视频内容分类、事件检测、动作识别等）。这种方式旨在使人工智能技术更加贴近人类的理解方式。尽管目前的大模型视频理解技术尚未能完全媲美人类的理解能力，但其发展势头迅猛，对于图像或视频中的大致场景描述已经相对准确，特别是日常生活中比较常见的场景，只是在某些细节描述方面或者不常见的专有图像领域仍有待加强。随着技术的不断进步，大模型在视觉理解方面的能力将越来越强大，有望在未来进一步应用于更加复杂和精细的视觉任务中。

这是一幅描绘乡村景色的画作，画面中展现了一片开阔的田野，田野上长满了金黄色的作物，看起来像是成熟的麦田。在田地的中央偏右位置，有一座白色的农舍，屋顶是黑色的。农舍周围有几棵树，树叶呈现出秋天的色彩，有橙色和绿色。远处可以看到一片森林，森林背后是连绵的山脉，山脉被一层轻薄的雾气笼罩。天空清澈而明亮，给人一种宁静平和的感觉。

图 2-8 视觉大模型对图像进行理解

当前图像和视频生成、编辑等技术尚未达到成熟阶段，但发展非常迅猛，市场上已涌现出不少商业级应用产品。知名的图像生成产品有国外的 Midjourney、Stable Diffusion、DALL-E 系列等和国内的美图 MiracleVision、通义万相、字节豆包等。知名的视频生成产品有国外的 Sora、Pika、Runway 等和国内的快手可灵、字节即梦、海螺 AI、智谱清影、生数科技 Vidu 等。在广告设计、UI 设计、视频制作、数字人等方面，图像和视频生成技术已经开始为专业人士提供有力支持，助力他们创作出更加出色和独特的作品。也有一些技术和创作爱好者，利用 AIGC 工具制作自己的作品，上传到社交媒体平台。鉴于当前技术的飞速发展，很快将会出现更为强大和创新的视频创作应用，不仅为相关从业者带来更多的惊喜和可能，也将极大地降低多媒体创作的门槛，让普通人也能够轻松参与到这一创意盛宴中来，充分释放他们的创造力和想象力。

总体来说，机器视觉技术在辅助人类工作和生活方面取得了显著成就，但它仍有一些不足。一方面，机器视觉技术表现受到训练数据限制。当前的机器视觉技术依赖于海量的数据进行学习，这意味着在模型尚未学习过的领域，它的表现可能不尽如人意。以 OCR

图2-9 人工智能生成的可爱小女孩图像

技术为例，经过学习标注过的各种汉字后，其在识别常规汉字方面已远超人类水平。然而，若遇到甲骨文等非常规字符，OCR技术就无法理解其内容。这是因为这些字符超出了其学习范围。这就像是让普通人识别甲骨文，普通人从来没有学习过与甲骨文相关的知识，表现自然不如甲骨文专家。因此，在应对新的特定视觉任务时，我们需要对特定场景下的任务进行细致评估，并针对机器视觉算法进行特定的优化和调整，以确保其能够达到理想的效果。

另一方面，机器视觉技术无法避免所有的错误。即使机器视觉技术的识别精度高达 99.99%，它仍然无法完全避免在特定情况下出现错误判断的可能性。这一挑战并非机器视觉所独有，实际上，几乎所有的人工智能技术都面临着类似的挑战。因此，在日常使用过程中，我们必须充分考虑系统可能出错的概率，采取适当的措施，如引入人工复核或增强算法准确性与稳定性，以最大限度地减少潜在的错误判断，并确保系统的稳定运行。以自动驾驶系统为例，除了依赖摄像头进行环境感知外，通常还会配备激光雷达、超声波雷达、毫米波雷达等传感器来增强系统的感知能力。这些传感器能够提供多维度的信息，帮助系统更全面地了解周围环境，从而在关键时刻做出更准确的决策，保证车辆的安全运行。就像目前在武汉运营的"萝卜快跑"自动驾驶出租车，在自动驾驶系统的基础上，引入了真人安全驾驶员进行远程监控，必要时会接管自动驾驶系统，进一步保证自动驾驶运营的安全性。这样一来，我们才能充分发挥机器视觉技术的潜力，为我们的工作和生活带来更大的便利。

第二节 语音技术：让机器听懂声音，学会说话

提及语音技术时，许多人首先会想到语音识别技术（Automatic Speech Recognition，ASR），它仿佛为计算机赋予了"人类听觉"的神奇能力。然而，语音技术远不止于此。除了语音识别，还有语音合成、语音克隆、声纹识别等多元化的技术分支，这些技术共同构成了语音技术的广阔领域。在工业应用中，我们还能发现工业声音检测这一重要应用，它对于设备的监测和维护具有重大意义。随着大模型技术的飞速发展，端到端的语音交互已成为现实。这些先进的大模型不仅能够理解我们的话语，还能敏锐地感知我们的情绪，生成不同语气和语速的对话。在某些情境下，它们甚至能够唱出动人的歌曲，以及模拟其他声音，为我们带来全新的交互体验。

一、语音识别：让机器听懂人类语言

人类的听觉过程是通过耳朵捕捉外界声音，由听觉神经将声波信号传导至大脑中与听觉相关的区域，再进行复杂的解读和认知。

在机器模拟听觉方面,通常使用麦克风来捕捉声音,这类似于人类的耳朵。麦克风将声波转换为电信号,这些电信号经过去噪、增强等处理后,传输到计算机进行语音识别,进而将人类语音转换为文本。

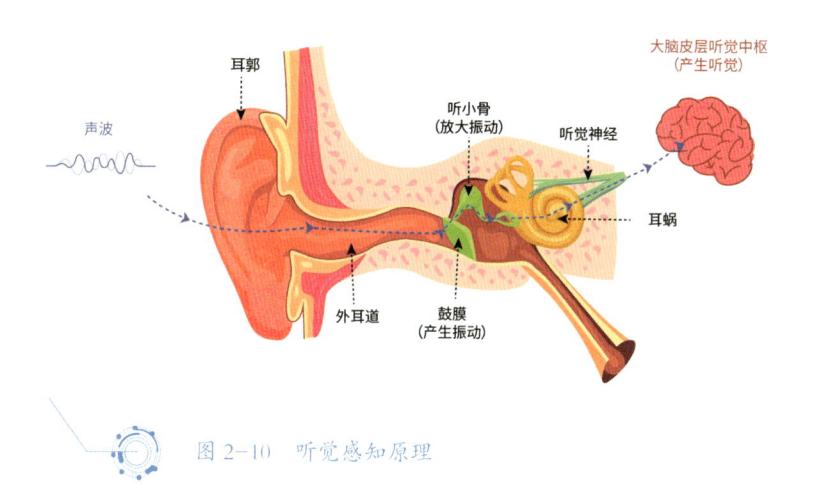

图 2-10 听觉感知原理

经过多年的技术迭代和发展,目前的语音识别技术已经相对成熟,逐渐融入人们的日常生活中,从智能手机到智能家居,再到智能车载系统,语音识别技术以其独特的便利性和高效性,正深刻改变着我们和各种机器设备之间的交互方式。例如,使用搭载了语音识别技术的智能车载系统,在驾驶过程中,驾驶员可以通过语音指令实现导航、播放音乐、接打电话等操作,无须分心去操作复杂的按键或屏幕。这不仅提高了驾驶的安全性,也让驾驶过程变得更加轻松愉悦。

图 2-11 车载语音交互示意图
(图源 AI 生成)

尽管语音识别技术取得了显著进展，但仍面临一些挑战。例如，在复杂环境如噪声干扰、口音差异等情况下，语音识别技术的性能会受到影响。比如，在人声鼎沸的大排档，你与朋友一边吃饭一边聊天，你会自动屏蔽周围的人声，其他顾客的欢声笑语并不影响你和朋友之间的交流。但是语音识别设备可能会把周围的各种声音也纳入识别范围，导致识别效果大打折扣。当然，我们也可以通过声学前端去噪、增强等技术手段，来降低周围噪声的影响，但与我们精密的大脑相比，识别效果还是略逊一筹。

此外，即使不考虑不同国家、民族的不同语种，单论我国的方言种类，都足以让最好的语音识别技术犯愁。从北到南，从东到西，各地的方言各具特色，发音、语调、词汇乃至语法都存在显著的差异。在某些方言中，某些音节的发音可能与普通话存在显著差异，甚至韵律复杂到无法用普通话中的音节来表示。在这种情况下，语音识别系统就需要具备对方言特有的音节进行准确识别的能力。此外，不同方言中的词汇和语法结构也可能存在差异，这要求系统必须能够适应并理解这些差异，从而确保识别的准确性和可靠性。因此，对于我国的语音识别技术而言，要想真正实现对各地方言的准确识别和理解，还需要不断地进行技术研发和创新。

需要注意的一点是，语音识别技术是将语言声音信号转换成人类的文字符号，并不具备对语音和文字的理解能力，就像 OCR 技术也只是将印刷体文字识别成计算机内可编辑的文字。对文字内容的理解需要运用到自然语言理解技术，会在后续章节中再详细介绍。

二、工业声音检测：对设备进行"听诊"

语音技术不仅限于理解人类语音，它同样具备"倾听"设备声音的能力。在数字化与智能化的工业4.0时代，语音技术作为一种前沿的信息处理技术，正在工业领域找到其独特的应用场景，通过模拟"听诊"的方式，协助进行设备故障检测、安全生产管理、质量控制等多项任务。

各种工业设备在运行过程中会发出独特的声音信号，这些声音往往蕴含着设备的运行状态信息。传统的设备巡检方式主要依赖经验丰富的技术人员通过人耳听取设备运行声音来判别其状态，这种方式过于依赖个人经验，且难以进行广泛传授。采用专业的语音分析设备，我们可以对不同的工业设备进行持续的声音监控。通过对声音信号的分析，系统可以及时发现早期故障，发出告警，从而在故障发生前将其扼杀在摇篮之中。同时，在设备出现故障后，也可以通过声音"听诊"的方式，迅速定位问题所在，提高故障处理效率。除了声音信号外，我们还可以结合其他模态进行辅助诊断，如融合视觉技术、温湿度传感器信息等进行联动分析，进一步提升故障诊断的准确性和性能。

声音信号分析在安全生产方面也大有可为。它不仅能够对工业环境中繁杂多样的声音信号进行识别、分析和处理，还能显著提升工作场所的安全性。以矿山、化工厂、电力设施等高风险领域为例，声音监测技术能够敏锐地捕捉到细微的轴承磨损声、气体泄漏的微响或是高压装置的异常放电，从而帮助管理人员及时发现潜在的安全隐患，并采取相应的预防措施，确保生产环境的安全稳定。

同时，声音信号在工业生产中还具有质检的重要应用潜力。通过采集和分析产品制造过程中的声音信号，我们可以对产品质量进行非接触式的实时监测与评估，从而提高质检效率和准确性，为产品质量控制提供新的手段。在某些生产线上，如汽车制造、精密仪器组装等，声音检测技术可以用来判断产品组装是否到位或功能是

图 2-12　声学成像仪用于协助排查故障

否正常。例如，通过分析开关按键的点击声、马达运转声等，可以迅速发现装配不良或内部损坏的问题。在材料科学中，声音检测技术如超声波检测被用来评估材料的内部结构和完整性，如检测金属材料中的裂缝、空洞或夹杂物，这种方法无损且高效，广泛应用于航空航天、石油天然气管道、焊接件等领域。

在CCTV-10科教频道播出的《时尚科技秀》中，有一期工业"听诊器"的节目就直观生动地展示了工业听诊师利用智能听诊设备判断设备运转的情形。智能听诊设备利用麦克风阵列波束形成技术，可以获取声源空间分布数据。高清摄像头实时采集视频画面，将声源空间分布数据同视频图像进行声像融合，把变化的声源动态呈现在显示屏上并通过高亮色彩标示，方便操作者快速定位声源的实际物理位置。工业听诊师们借助听诊设备，来检查汽车发动机、变压器、高铁等各类设备的运行状况，从而保障人们的生产、生活安全。

三、语音合成与语音克隆：机器也能"说话"

语音识别技术赋予了计算机倾听我们话语的能力，而语音合成技术（Text To Speech，TTS）则使计算机能够通过扬声器模拟出人类流畅自然的语音。

早期的语音合成技术所生成的语音与真人语音有明显差异，语气显得生硬，发音机械，缺乏真实感。然而，近几年的语音合成技术突飞猛进，目前计算机已能逼真地模仿人类语音，包括自然的停顿、细腻的情绪变化以及笑声、呼吸声等细节，甚至达到了能够克隆特定说话人声音的惊人水平。这种技术的飞跃不仅为人机交互带来了全新的体验，也极大地丰富了语音应用领域的可能性。

语音合成技术在日常生活中应用广泛，如语音助理、汽车导航、有声阅读、智能客服、智能家居、游戏娱乐等。以有声阅读为例，早期该技术仅限于简单的文字转语音，对多音字、复杂长句断句等情况的处理常常不尽如人意。如今的有声阅读服务已实现了个性化和智能化的升级。用户能够根据自己的喜好选择音色和风格，系统还能根据用户的偏好和习惯智能调整语速、音量和语调，极大地提升了有声阅读的个性化体验。

不仅如此，现代的有声阅读技术还具备角色音色自动切换和情境语气调整的功能，使读者仿佛置身于故事之中，享受沉浸式的阅读体验。这些技术已广泛应用于手机阅读、电子书阅读、网页新闻播报等多种场景，极大地满足了视障、阅读障碍以及繁忙人士的需求。

语音克隆技术，是利用目标人的语音片段，重建出与之相同音色的语音，可以理解为一种定制音色的语音合成，相比语音合成技术是一个更有挑战性的任务。这种技术一般需要大量的目标语音数据进行模型训练，以提升在语气、语速、口音和其他细微声音特质上的真实度。目前，一些先进的语音克隆技术，如豆包声音复刻大模型，只需要目标音色的 5 秒音频样本，就可以复刻出与原始说话者非常相似的音色。

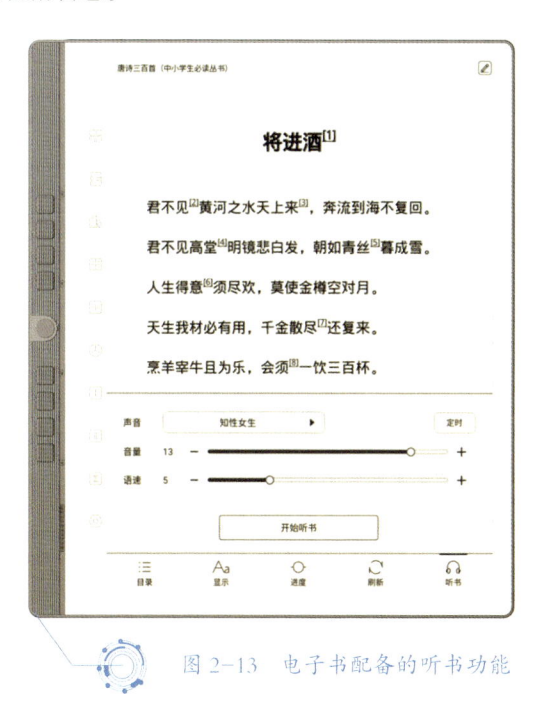

图 2-13 电子书配备的听书功能

语音克隆技术在电商、教育、娱乐、客户服务等领域具有广泛的应用前景。虚拟数字人可以复刻真人形象和声音，目前已经在电商直播、短视频、展厅导览等方向落地。在内容翻译和全球化方面，语音克隆技术能够保留原始说话者的口音，使翻译内容在传达信息的同时，更加地道和亲切。在支持言语残障人士方面，语音克隆技术通过模拟和复制个体的语音特征，为他们提供了有效的沟通工具，改善了他们的生活质量。而在影视娱乐领域，该技术则能够克隆配音演员的音色，减少后期制作的工作量。

随着人工智能技术的不断发展，语音合成技术和语音克隆技术也将迎来更加广阔的发展前景。同时，随着多语种、多方言语音合成技术的持续完善与优化，这些技术将为我们提供更加便捷、高效且个性化的服务体验。

四、声纹识别：用声音分辨你是谁

每个人的音色都是独一无二的，如同指纹般独特，我们称之为声纹。正是凭借先进的声纹识别技术，我们能够有效地区分不同说话者的身份。

声纹识别任务一般包括说话人确认和说话人识别。说话人确认一般应用于身份验证，对当前用户的声纹和预先录制的声纹进行1∶1比较，确认是否属于同一个人。比如，在金融领域使用声纹来验证用户身份，确保交易安全。说话人识别则是对多个说话人身份进行辨认，目前应用于刑侦、办公等领域。

说话人确认(1:1验证)

说话人识别(1:N检索)

图2-14 声纹识别任务

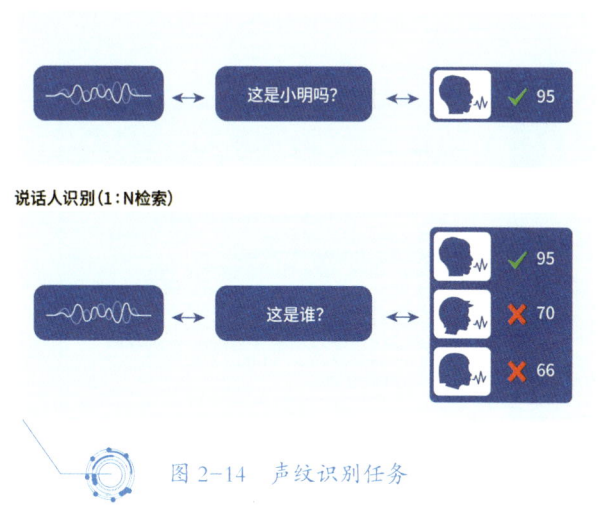

在繁忙的办公环境中，会议是日常协作的重要环节。虽然语音识别技术已经能够捕捉并记录与会者的发言，但在多人参与的会议中，这些发言往往交织在一起，难以准确辨认每位发言者的具体内容。然而，借助声纹识别技术的强大功能，我们可以轻松地区分不同的说话人，使会议记录更加清晰明确。更进一步地，结合大模型的分析技术，我们不仅能够对整个会议的内容进行细致入微的梳理，还能够分别总结和分析不同发言人的观点。这种高级别的分析能力，无疑为会议记录的整理和利用提供了更为便捷和高效的途径，有助于团队更好地理解和把握会议的核心要点，从而推动工作的顺利进行。

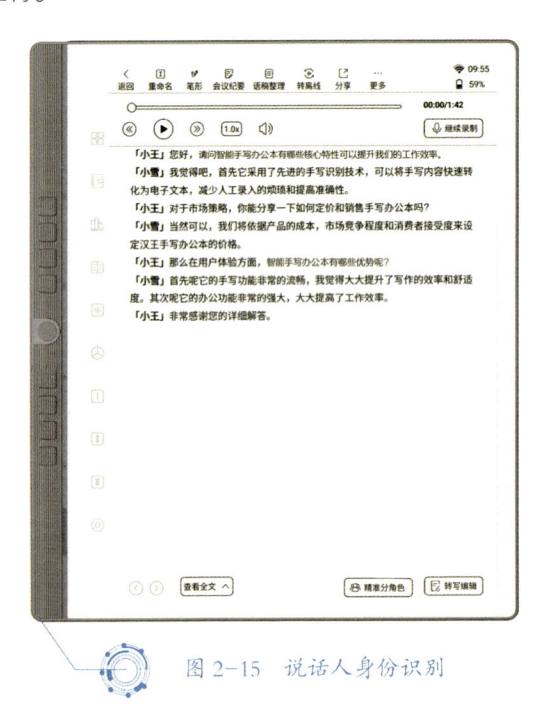

图 2-15 说话人身份识别

尽管声纹识别技术展现出广泛的应用前景，但其应用也面临一些固有的挑战和局限性。首先，每个人的语音声学特征既表现出相对的稳定性，又具有一定的变异性，这种特性使声纹识别并非绝对可靠和恒定不变。例如，同一人的声音可能会受到身体状况、年龄增长、情绪波动等内部因素的影响而发生微妙变化。其次，外部因素如不同品牌和质量的麦克风、信道传输的差异以及环境噪声的干扰，也可能对声纹识别的性能产生显著影响。特别是在多人同时发言的复杂场景中，个体的声纹特征往往难以准确提取和区分。

然而，与其他生物特征识别技术相比，声纹识别仍然具备许多独特的优势。它无须与识别对象进行物理接触，具有非接触性、自然性和便捷性等特点。此外，随着技术的不断进步和优化，声纹识别的准确性和鲁棒性也在不断提高。目前，声纹识别技术正逐渐在多个领域得到应用，并呈现出上升的趋势。尽管存在一些挑战和限制，但随着技术的不断发展和完善，声纹识别将在未来发挥更加重要的作用。

五、大模型时代的语音技术：语音技术的新发展

随着大模型技术的飞速发展，语音交互正逐步迈向更为自然与便捷的全新阶段。当前的语音交互系统已形成一套成熟的流程：首先通过高精度的语音识别技术捕获用户的语音输入，随后借助先进的大语言模型进行深度的语言理解和智能回答生成，最终再借助语音合成技术将系统的反馈以自然流畅的声音传递给用户。

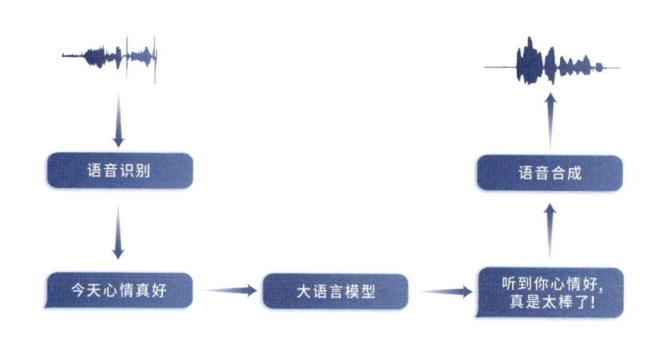

图 2-16　常见的语音交互流程

但传统的语音识别模型无法理解用户的情绪，也不懂欣赏音乐。如果希望识别用户的情绪，一般需要额外再增加专属任务的模型。传统的语音合成模型，也只负责将文本转化为语音。这样的交互与人类的交互相比，仍存在一定的差距。进一步讲，目前的语音理解大模型，如阿里的音频理解大模型，不仅可以识别语音，还可以多任务地识别用户情绪、各种声音事件、检测不同语种等。相应地，语音合成大模型则可以生成笑声、呼吸声、咳嗽声甚至歌声等。

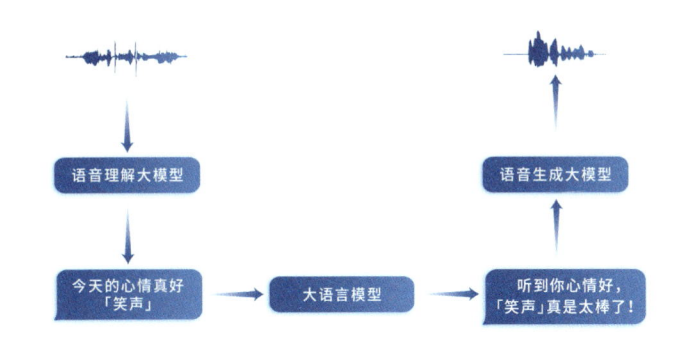

图 2-17　具备情绪感知与反馈的语音交互流程

更进一步地，GPT-4o 所展示的端到端语音交互技术，即一个模型直接进行语音输入和语音输出，更是将这一流程推向了新的高度。它不仅能够准确捕捉并响应语音内容，更能从用户的语音中敏锐地捕捉到情绪信息，实现更为细腻和人性化的交互反馈。这种交互方式不仅极大地提升了用户体验，也为语音交互技术在未来更多领域的应用提供了新的可能性。

几十年前，人工智能领域的先驱者们或许难以想象，现今的语音大模型已经能够涉足音乐创作的殿堂。长久以来，人们普遍认为人工智能模型难以涉足创造性的工作，尤其是作曲这种需要深度情感投入的艺术过程。然而，现代大模型如 Suno、SkyMusic 等所创作的歌曲，很多已经在多个维度上超越了普通创作者的水平，展现出令人惊叹的才能。虽然这些模型目前仍然依赖于人类音乐样本的学习和训练，并进行模仿，与真正的音乐大师仍存在差距，但它们所展现出的潜力和创作力已足够令人瞩目。

第三节 机器嗅觉和味觉：让机器也能"闻香识味"

在科技发展的长河中，人类不断探索并模仿自然界动物的各种感官功能，从视觉、听觉到触觉，已经逐步实现机器替代，这些技术的进步都极大地改变和丰富了我们的生活和工作方式。与视觉、听觉、触觉接收的是物理信号不同（物理感官），嗅觉和味觉接收的是化学信号（化学感官），也就是各种气味物质和滋味物质。嗅觉和味觉的机器化进程较慢，主要原因在于其感知机制、数字化和复现研究困难重重。如今，机器嗅觉和味觉这两项模拟生物嗅觉和味觉工作原理的新型感官技术，正逐步走出实验室，走向更广阔的应用领域。

一、生物嗅觉与味觉感知机理

嗅觉与味觉是生物体在进化过程中较早发展出的两种感觉，它们在生物的生存、繁衍以及社交行为等方面都发挥着不可或缺的作用。嗅觉和味觉关系密切，从结构上来说，鼻子和嘴巴是相连的，如果人在喝水时大笑，可能导致水从鼻子里喷出来；从功能上来说，嗅觉会改变或调整人们对味道的感知。有数据表明，嗅觉是影响食物滋味的主要原因，该比例高达 75% 以上。

嗅觉的形成可分为三个处理过程：（1）外界气味分子进入鼻腔，被鼻腔嗅上皮中大量嗅觉受体细胞的纤毛末梢感知，从而激活嗅觉受体细胞，在细胞膜两侧产生电压差，将化学信号转换成神经电信号，同时实现将信号放大；（2）神经电信号沿着轴突从嗅神经

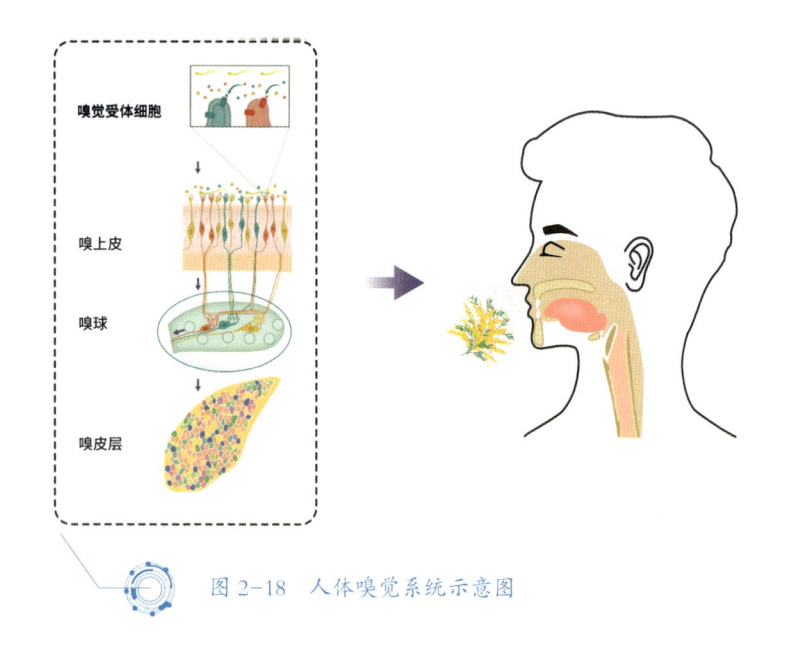

图 2-18 人体嗅觉系统示意图

传播到嗅球的嗅小球层细胞，相同类型的嗅觉受体细胞轴突投射到同一个嗅小球中，对嗅觉进行第一级处理；（3）来自嗅球的信号沿着嗅束进一步传递到嗅皮层，在这里，大脑对传入的嗅觉信息进行分析和识别，形成嗅知觉，如青草气味、玫瑰气味等。

味觉的感知过程与嗅觉的感知过程相似。分布在舌头表面的味蕾中包含了能够感知不同滋味的味觉受体细胞。味觉受体细胞感受到滋味物质的刺激后，将这些刺激转化为电信号。味觉经面神经、舌咽神经和迷走神经的轴突进入脑干后终止于孤束核，更换神经元，再经丘脑到达味觉皮层区，形成味觉感知，最终味觉中枢对信息进行比较和综合分析，对味觉信号进行识别。目前，人类感知的五种基本味觉是：酸味、甜味、苦味、咸味和鲜味。每种基本味觉由不同的化学物质触发，如酸味由酸性物质触发，甜味由糖分触发，苦味由苦味物质触发，咸味由钠盐触发，而鲜味则由谷氨酸钠等氨基酸类物质触发。近年来还发现了其他味道，如脂肪味、金属味等。

在纷繁复杂的物质世界中，存在一个隐形的维度——气味空间和滋味空间，它们由无数的化学分子组成，虽然我们看不见摸不

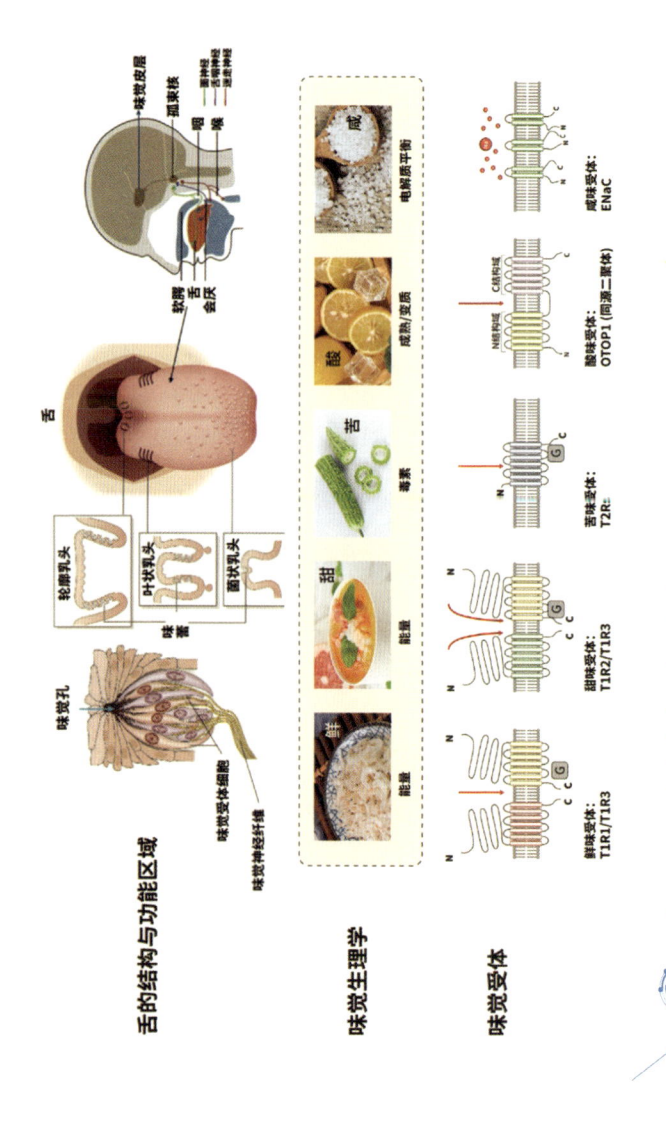

图 2-19 人体味觉系统的示意图

着，但却能真切地感受到。例如，我们能轻而易举地用嗅觉或味觉区分出水和白酒，敏锐地察觉到厨房天然气的微量泄漏，快速地识别出变质的食物。嗅觉和味觉作为独特的感知模态，让检测化繁为简，实现高效、低成本的信息获取与识别。同样，嗅觉与味觉的引导，让我们沉浸于食物与饮品的盛宴之中，享受愉悦；抑或在某个不经意的瞬间，一抹熟悉的味道或香气也会掀起我们记忆的帘幕，让那些尘封的往昔悄然浮现。因此，嗅觉和味觉的数字化和机器化必将给人工智能世界带来更全面的感官感受。

二、机器嗅觉与味觉系统

数字嗅觉包括机器嗅觉技术、气味合成技术以及气味预测技术，相关科学研究和实际应用已经逐步开展。数字味觉技术中的机器味觉技术已有一些研究，但味觉合成技术以及味觉预测技术目前研究还较少。

机器嗅觉的设计逻辑主要围绕模拟生物嗅觉系统的功能，通过集成气体传感器阵列、数据处理单元和智能算法来实现对气味的分类与识别。其中根据气体传感器中使用材料的不同，又可分为两类：一是以金属氧化物、导电聚合物、石英晶体微量天平、表面声波等人工材料研发出的气体传感器，称为电子鼻（Electronic nose）；二是以包含生物受体蛋白、细胞、囊泡等生物材料研发出的气体传感器，称为生物电子鼻（Bioelectronic nose）。机器嗅觉的基本原理为：气体传感器阵列像人类的鼻子一样，能够捕捉到空气中的分子，产生电信号。数据处理单元将这些信号转化为计算机可识别的数据。通过智能算法，计算机对处理后的信号进行分析，识别出气体的种类、浓度等信息，类似于人类大脑对气味信息的处理，实现了气味数字化。

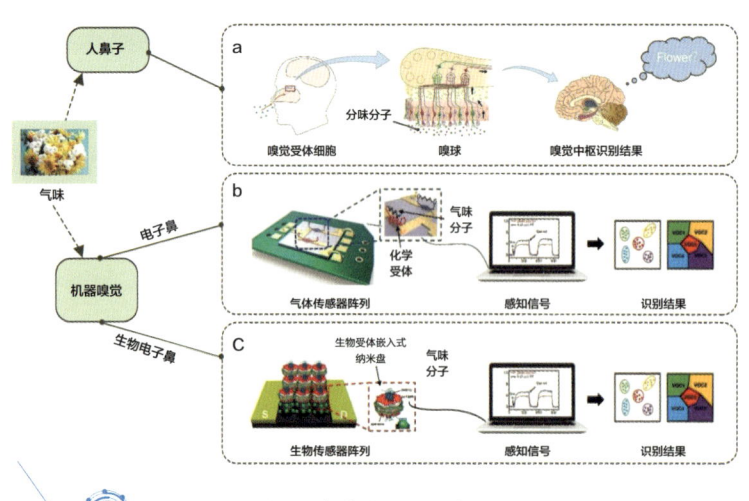

图 2-20 机器嗅觉系统的示意图
改编自 Adv. Sci. 2023, 10, 2204726

机器味觉是模拟人类味觉系统的工作原理，主要由以下几个关键要素组成：味觉传感器阵列类似于人类的舌头，用于捕捉待测样品中的各种化学信息，并将其转化为可测量的电信号。信号预处理单元通过复杂的信号处理技术对传感器捕获的信号进行放大、滤波及转换处理，以确保这些信号能够被计算机高效、准确地理解和分析。利用机器学习、深度学习等算法对预处理后的信号进行分析和处理，提取出与味觉特征相关的信息，并最终实现对味觉物质的分类和识别。味觉传感器的研究在全球范围内确实仍处于相对初级的阶段，其研究时间相较于其他类型的传感器如视觉、听觉传感器等要短得多。目前，味觉传感器通常采用对特定味觉物质敏感的材料制成，如生物类脂材料、碳纳米管等，能够捕捉到食物或饮料中的酸、甜、苦、咸、鲜等基本味道元素，甚至包括更复杂的味觉特征。

三、机器嗅觉与味觉系统的应用领域

传统的气味和滋味分析往往依赖于人的经验，不仅存在主观性，而且难以精确量化。而机器嗅觉与味觉系统，通过高灵敏度的人工传感器、智能化技术仪器和先进的算法，将气味和滋味转化为可量化的数字信号，实现了对气味和滋味的客观化、标准化处理。

这种创新不仅拓宽了我们对气味和滋味的认知边界，也为各个行业带来了全新的应用可能性。机器嗅觉与味觉技术的革新，为传统行业带来前所未有的发展机遇，有着广阔的应用前景，特别是在食品安全监测、酒类品质控制以及医疗诊断等领域展现出巨大潜力。目前，机器嗅觉主要在食品与饮料行业香气检测、安全领域危险品和危险气体检测、环保领域有害气体和污染物监测方面有较为成熟和广泛的应用；机器味觉亦在食品与饮料行业滋味检测中开始应用。

（一）食品与饮料行业

机器嗅觉与味觉系统能够快速、准确地检测食品和饮料中的气味和滋味变化，确保产品符合质量标准。此技术不仅大幅降低了因风味异常引发的产品召回风险，还有效遏制了消费者投诉，构筑起品牌信誉的坚实防线。

在自动化生产线中，机器嗅觉与味觉系统可以实时监测产品气味和滋味的细微变化，及时预警潜在问题。此举措保障了生产过程的稳定与一致，显著提升了产品质量的稳定性和可靠性。

在新产品研发中，机器嗅觉与味觉系统可以辅助研发人员评估不同配方和原料引起的风味变化。在大数据分析和机器学习算法加持下，该系统能够准确预测新配方的表现，推动产品升级，满足市场多元化需求。

随着大数据和人工智能技术的发展，机器嗅觉与味觉系统还可以逐步融入个性化饮食推荐体系。通过分析用户的口味偏好、营养需求及健康状态，运用先进算法进行精准匹配，为用户量身定制饮食方案，提升用户的饮食体验和生活质量，让每个人都能享受到既满足味蕾又兼顾健康的理想膳食。

在酒类酿造行业，机器嗅觉已经开始展露拳脚。传统品酒师依赖主观感受对原材料、基酒分级贮存以及酒体设计进行品质评估。汉王科技研发的"基于仿生嗅觉细胞传感的气味数智化识别技术"，通过高灵敏度的仿生嗅觉细胞传感器、智能化的设备仪器和先进的嗅觉识别算法，将气味转化为可量化的数字信号，并进一步理解数据特征完成判别结果输出，使气味的分析更加客观、准确。这项技术不仅可以助力品酒师实现白酒品质控制与真伪鉴别的现代化升级，还能够推动整个行业的数字化转型和智能化发展。

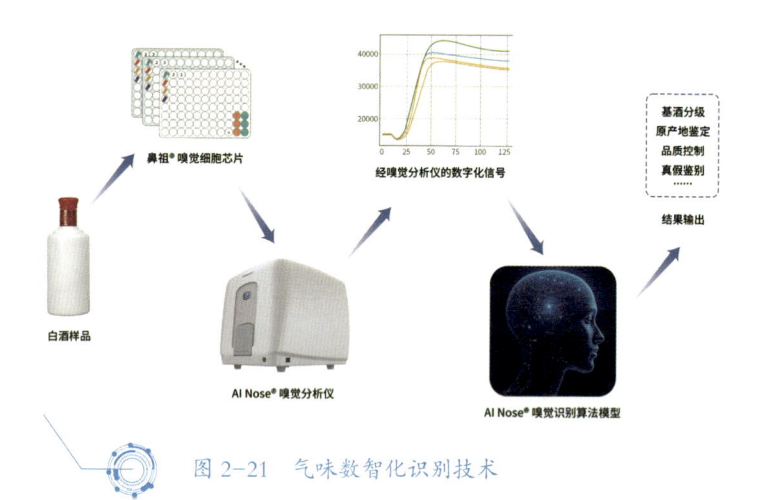

图 2-21　气味数智化识别技术

　　气味数智化识别技术可以建立标准化的评估流程和数据库，确保每次评估的一致性和可重复性。这有助于消除人为因素带来的误差，提高品质控制的效率和准确性。在生产过程中，气味数智化识别技术还可以实时监测白酒酿造时的气味变化，及时发现并预警潜在的质量问题。这有助于企业快速响应，采取有效措施调整生产工艺，确保产品质量稳定可靠。

　　当下酒类企业面临着对专业品酒师庞大需求数量的挑战，同时，培养优秀品酒师也会耗费大量的资源与时间。引入气味数智化识别技术不仅能够显著提升品评效率与准确度，还能作为品酒师的智能助手，辅助他们更深入洞察产品特性，从而在产品研发与升级方面实现更精准的把控。

此外，该技术在真假酒鉴别方面的应用，有助于打击假冒伪劣行为，保护消费者权益和正规企业的品牌形象。利用智能化技术手段提高鉴别门槛，降低假冒伪劣产品的市场流通率。

（二）智能家居

机器嗅觉与味觉系统在智能家居中的应用，可为用户带来更加智能、健康、个性化的居住体验。智能冰箱如果集成机器嗅觉与味觉系统，将及时采集食品样本的气味和味道数据，运用智能算法进行分析，可以快速、准确地判断食品品质、新鲜度及保质期，同时敏锐检测异味或污染，确保食品安全与营养。如果配备智能气味探测与控制系统，可以根据家庭成员的需求和偏好，自动监测并优化室内气味与空气质量，营造清新宜人的居住氛围，提升居住体验。此外，炒菜机器人如果具备机器嗅觉和味觉，则能对制作的菜肴进行"品尝"，确保每一道菜都更符合主人的喜好。

（三）医药健康

机器嗅觉与味觉系统可以评估药气和药味，为改善药物口感提供数据支持。这对于提升患者用药体验，增强依从性和满意度具有重要意义。通过深入分析感官数据，设计更符合患者偏好的药物，促进患者主动、规律服药，为患者带来更加人性化、高效的治疗方案。

在手术室与病房环境中，机器嗅觉系统有望实时监控空气质量，精确捕捉多种异常气味，这些异常气味主要包括源自患者体液（如尿液、粪便、呕吐物、汗液及血液等）的气味，手术过程中使用的化学物质气味，以及为清洁消毒而使用的杀菌化学物质气味等。一旦发现异常，系统即刻触发警报，为医护人员与患者提供坚实的健康安全屏障。

（四）机器人

嗅觉和味觉感知模块是机器人感知系统中的重要组成部分，它们通过模拟人类的嗅觉和味觉功能，使机器人能够更全面地感知和理解周围环境。

此外，机器嗅觉还可以应用于环境监测、汽车制造、香精香料等多个领域。例如，在环境监测方面，机器嗅觉可以实时监测大气中的有害气体和污染物浓度，为生态环境部门提供数据支持，帮助它们制定有效的治理措施。同时，还可以用于监测水源和土壤的质量，及时发现并处理潜在的污染源。在汽车制造中，该技术可以用于监测车内空气质量、识别异常气味并提醒驾驶员及时处理，确保驾乘安全。在香精香料行业，机器嗅觉技术可以帮助监测化妆品成分，进行品牌鉴别，分析香水成分，助力新产品开发和工艺优化等。

机器嗅觉与味觉技术代表了生产力的新发展方向。它们通过多种前沿交叉技术的融合，实现降本增效，推动产业升级和转型。这种先进生产力的提升，不仅有助于企业自身的发展，也为整个社会的经济发展注入了新的动力。

食品
食品饮料风味分析
生产发酵过程控制
新鲜度、腐败异味监测
货架期分析
食品掺假

公共安全
危险品、爆炸物检测
毒品检测

医疗
疾病早期筛查
代谢紊乱检测
中药材鉴别

环保
恶臭气体分析
有毒气体排放和泄漏
水质变化
废水处理监测

图 2-22 机器嗅觉与味觉系统的应用领域

四、气味合成技术与应用

气味合成技术包括对气味的编码、传输和复现等环节：（1）编码。利用计算机将气味样本中关键分子的化学结构和浓度信息转化为数字信号，进一步编码成计算机可识别的语言，形成气味基组，开发高效的编码算法和模型，将气味基组中的关键信息，转化为可用于传输和复制的编码数据；（2）传输。将编码后的数据封装成数据包，可利用现有的互联网协议或开发专用的气味传输协议进行传输；（3）复现。气味复制的核心是气味合成设备，这些设备能够根据接收到的编码数据，精确控制各种气味分子的释放量和比例，从而合成出与原始气味相同或相似的气味。

如今，气味合成技术能够模拟和释放各种气味，以增强虚拟现实、娱乐体验和其他领域中的感官感受。在影视方面，观众通过佩戴气味合成设备，可以在喝酒的场景出现时闻到浓烈的酒香，在战争的场景出现时闻到火药味、烧焦味，该技术增强了观众在观影过程中的沉浸式体验，加深了对剧情的感知和理解。在文旅领域，气味播放可以与景区特色相结合，游客在观看景区宣传片时，鼻尖轻绕馥郁的花香，抑或感受随海风拂面而来的清新气息等，从而增加游客身临其境的奇妙感受，激发游客对景区的独特记忆与无限向往。在超市或商场的购物环境中，引入气味合成技术，让顾客无须拆封就可以试闻产品的气味，提升产品的吸引力，进而驱动产品转化率和销售额的双重飞跃。此外，气味合成技术也正逐步渗透到教育、医疗、游戏、广告等多个领域，为用户带来前所未有的感官体验。随着技术的发展与精进，其应用范围将持续拓宽，让体验更加真实。

五、气味预测技术

光和声音都可以被准确预测。知道一束光的波长，我们便能准确辨识其在人眼中的色彩，如波长 650 纳米为红色，波长 520 纳米为绿色。同样，知晓一个音符的频率如 261 赫兹，我们便能精确指出那是音乐中的基准音"中音 C"。然而，当人们知道了一种分子的化学结构，却并不能知道这个分子闻起来是什么样的气味。

长期以来，科学家们致力于发掘气味的分子化学结构与感知性质。2015 年，一大群来自世界各地的科学家聚集在一起，发起了梦想嗅觉预测挑战赛（Dream Olfaction Prediction Challenge），这是一个旨在推动机器嗅觉研究发展的重要赛事。挑战赛期间，研究人员公布了由嗅觉生物学家安德列亚斯·凯勒（Andreas Keller）和莱斯利·沃什尔（Leslie Vosshall）收集的数据集，这些数据集包括了大量分子的化学结构和相应的气味感官标签（如"甜""花""水果"等）。参赛团队可以使用这些数据来训练他们的机器学习模型，以预测未知分子的气味。相关研究成果发表在2017年2月的《科学》杂志上，此次比赛产生的综合模型性能优于任何单个模型。若将气味属性与分子匹配在一起的完美分数是1.0，这个综合模型得分为0.83，显著好于之前解决这个问题的任何方案。

2023年8月，谷歌团队在《科学》杂志上发表了一篇研究论文，宣布他们开发了一种由数据驱动的人类嗅觉高维图谱（POM），可以将化学结构与气味感知相匹配。为了绘制分子结构如何与分子气味相对应的图谱，研究人员使用了5000种已知化合物的数据集来训练模型。这个图谱可以逼真地再现由气味单体诱发的气味感知距离和层次结构，还能够预测未知气味的性质。研究证明，机器学习模型在理解和描述气味上，已经达到人类水平。并且，在气味描述的前瞻性预测上，AI的准确度也已赶超人类。

图 2-23 气味预测技术

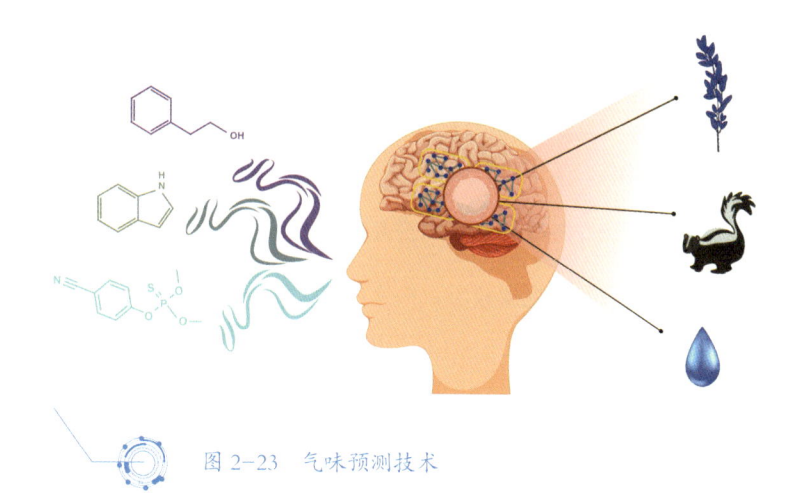

除了单一气味分子的预测,科学家们也对真实环境中的气味和混合气味展开了深入的研究。真实环境中的气味往往是由多种化合物以不同浓度混合而成的复杂体系,这种复杂性使直接通过单一分子的性质来预测整体气味变得极为困难。利用人工智能技术可以构建复杂的气味模型,这些模型能够考虑多种化合物的相互作用、浓度效应以及时间动态性,从而更全面地描述混合气味的特性。该技术的应用前景广阔,不仅有助于合成气味的创新设计,还极大地促进了香料配方的优化等。

六、数字嗅觉与味觉技术的挑战与未来

尽管数字嗅觉与味觉技术已经取得了显著进展,但与视觉和听觉相比,其发展仍面临诸多挑战:

1. 数据短缺。气味和滋味的感官数据通过感官评价员的品评获得,效率较低,数据规模较小,构建足够大的数据集是数字嗅觉与味觉研究的重要前提。

2. 技术局限性。数字嗅觉和味觉检测的准确性和灵敏度仍有待提高。

3. 标准化问题。气味和滋味的感知具有高度主观性,不同人对同一气味和滋味的感受可能存在差异。因此,建立统一的标准和度量方法是一个亟待解决的问题。

未来数字嗅觉与味觉技术的发展趋势包括以下关键方面:

1. 高精度的传感器。这些传感器将能够检测更多种类的气味,同时提高气味和滋味的辨别度,使其在医疗诊断、食品检测和机器人等领域更加可靠。

2. 快速的数据分析和处理。随着传感器技术的进步,未来的嗅觉和味觉技术产品将需要更快速的数据分析和处理能力,以实现实

时或接近实时的气味和滋味分析。

3. 多模态感知。与其他感官技术整合，如视觉和听觉，这种多模态感知有望为虚拟现实、增强现实提供更丰富的感官体验。

4. 微型化和便携性。产品将趋向于更小巧、便携和嵌入式的设计，使其更容易集成到移动设备、可穿戴设备、智能家居和机器人中，扩大其应用领域。

5. 开源平台和标准。未来的数字嗅觉和味觉技术发展可能会涉及开源平台和标准的制定，以促进行业合作和互操作性，从而加速技术创新和采用。

随着科技的不断发展，这些挑战将被克服，数字嗅觉和味觉技术有望在更多领域发挥重要作用，让人们更全面地感知世界。

第四节 自然语言处理：让机器理解人类，流畅对话

自然语言处理旨在通过计算机算法模拟人类对自然语言的理解能力。它接受用户的自然语言输入，经过内部处理，以返回用户期望的结果。自然语言处理的目标是自动化处理大规模的自然语言信息，从而减轻人工负担，提升效率。自然语言处理大体包括了自然语言理解和自然语言生成两个部分。历史上对自然语言理解研究得较多，随着大模型技术的蓬勃发展，自然语言生成技术亦取得了显著的突破和飞跃。

自然语言处理目前广泛应用于机器翻译、问答系统、文本检索、情感分类、信息抽取、文本审核、摘要提取以及文本生成等众多任务。过去，这些领域是无数人工智能科学家深入探索的焦点。随着大模型技术的崛起，我们见证了通用大语言模型在解决自然语言理解任务上的显著进展，几乎能够覆盖广泛的应用场景。尽管如此，大语言模型的商业应用仍在逐步推进中，传统的分任务处理自

然语言方法依然在许多场景中发挥着重要作用。接下来，我们将重点关注其中的几项核心应用。

一、机器翻译：不同语言之间转换

机器翻译顾名思义就是利用计算机将一种自然语言翻译成另一种自然语言的技术，如将中文翻译成英文、将英文翻译成法文，或者将方言翻译成普通话。在全球化日益加深的今天，机器翻译的重要性不言而喻，跨语言交流尤其是中英翻译的用途非常广泛。

机器翻译的研究历史可以追溯到 20 世纪三四十年代。1954 年，IBM 的 701 型计算机将 60 个俄语句子自动翻译成英语，这是历史上首次的机器翻译。但是，当时并未进行真正的翻译，只是利用少量单词的对应规则和既定范例进行一种初步的、较为表面的语言转换操作，再将精心挑选的例子展示出来。经过漫长的低潮期后，统计模型替代词典规则，取得了较大的进展。但机器翻译取得突破进展，距今也不过 10 年左右，随着深度学习技术来临，机器翻译技术也迎来了革命性的进展。目前有道翻译可以支持 100 多个语种翻译，而百度翻译更是宣称可以支持 200 多个语种的互译。

目前机器翻译已经应用到非常多的场景。比如，在日常办公中，可能涉及翻译英文文献、合同、资料等，通过机器翻译可以帮助用户快速地了解大概内容。在出国旅游、跨国会议及国际学术交流等跨语言交流场合，结合语音识别技术和机器翻译技术，可以实现即时的同声传译，确保交流的顺畅性。在电子商务领域，机器翻译的作用同样不可小觑，它能够帮助线上平台将商品信息、产品评论等内容翻译成多种语言，从而打破语言壁垒，拓宽产品的国际市场。

机器翻译可以用于辅助语言学习和教育。如今，众多教育型平板都集成了智能英语口语陪练应用，这些应用背后融合了多项前沿的人工智能技术。这些技术涵盖了语音识别、语音合成、语音评分、对话理解与生成以及机器翻译等关键技术。这些技术的结合，使学习者能够在虚拟外教老师的互动陪伴下进行英语口语练习，提升语言学习的效果。

虽然当前机器翻译技术得到了广泛的应用，但其存在的问题仍难以忽视。深度学习模型像黑盒子一样难以捉摸，当某句话翻译出错时，我们往往难以直接纠正，只能依赖提供更多的正确语料来让"深度学习"自行修正。此外，翻译训练通常需要海量的语料库支

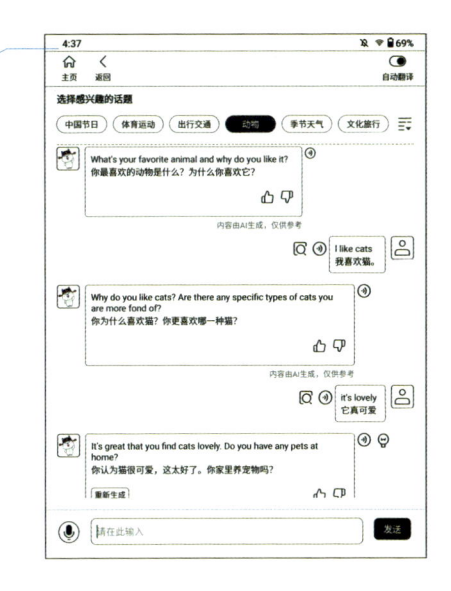

持。然而，对于某些出现频率较低的语料，如特定领域的专业词汇，可能会出现翻译错误。同时，在处理小语种时，翻译效果相较于英文会大打折扣。至于更为复杂的古汉语等语言，由于难以理解其深层含义，翻译出的英文效果往往不尽如人意。但技术的发展总是越来越迅速，我们有理由相信，这些当前存在的挑战和问题将在不久的将来逐步解决。

图2-24 学练机中英语口语对话示例

二、对话系统：和人类流畅对话

对话系统是模拟人类对话行为的计算机程序，可以简单地理解为聊天机器人，它们以自然语言与人类进行交互，广泛应用于智能客服、虚拟助手、智能家居等领域。对话系统常常与语音识别和语音合成技术结合起来，成为更智能的语音对话系统。对话系统的核心技术是自然语言理解与自然语言生成。通过这些技术，对话系统将用户输入的语音或文本等转化为计算机可以理解的形式，再将计算机生成的回复转化为用户可以理解的形式。

对话系统需要深入理解上下文信息，这通常需要经过多轮对话来实现，从而更好地捕捉用户的意图，并据此生成恰当的回应。在当今时代，对话系统不仅需要处理文本信息，还需要具备处理多模态输入输出的能力，涵盖文本、语音、图像和视频等多种形式。此外，为了全面提升对话的准确性和用户体验，系统还需拥有跨模态的理解和融合能力，以便能够综合各种信息，为用户提供更加智能且个性化的服务。

常见的对话系统可以细分为闲聊机器人、任务机器人和问答机器人。

闲聊机器人如小度、小爱同学等，主打与用户进行轻松愉悦的对话。这类对话往往不带有明确目的，回答方式也灵活多变，没有固定标准。例如，当你向闲聊机器人倾诉"我好无聊啊"，它可能会回应你一些别出心裁的小建议，以排解你的无聊情绪。

任务机器人则专注于执行具体任务。这些任务通常是明确且有限的，如"订一张明天从北京到上海的机票"或"打开导航"。需要注意的是，任务机器人无法完成过于宽泛或不切实际的任务，如"给我挣 1000 元钱"这样的要求就超出了其能力范围。

问答机器人的核心职责是准确回答用户的问题。例如，在智能客服或产品助理等场景中，问答机器人会根据知识库来提供精确答案。当用户询问"系统死机了怎么办"时，问答机器人会直截了当地回答"建议您重启"，而不是跟用户进行不相关的闲聊。

随着自然语言处理技术的不断进步，如今的通用大模型在处理闲聊、任务和问答等多重用户需求上已经游刃有余。这意味着，我们不仅可以与机器人进行有趣的对话，还能依靠它们高效完成任务，同时获得准确的问题解答。这种技术的融合使对话系统更加智能化和全面化，极大地丰富了用户的使用体验。

三、情感分析：洞察他人情绪

情感分析旨在识别和提取文本中的情感倾向、情绪和态度等，广泛应用于舆情分析、电商评论分析、客户情绪分析等场景。

情感分析的基本任务是对给定文本进行感情分类，判断文本表达的感情是积极的、消极的还是中性的，例如：

这个产品太棒了，强烈推荐给大家。-> 积极

电影还行，有时间可以看看。-> 中性

这什么破玩意儿，谁买谁上当。-> 消极

除此之外，还可以对更加细致的文本中的特定目标进行情感分类，例如：

产品还是很好的，但是客服态度太差了，需要培训下。-> 产品：积极；客服：消极

节目效果一般，不得不说，主持人功底真强。-> 节目：中性；主持人：积极

情感分析往往也会结合其他任务一起进行，如自动客户问答系统中加入情感分析，识别用户的情绪变化，当检测到用户的情绪出现消极信号时，问答系统需要对用户情绪进行安抚。情感分析也常与文本摘要任务有一定的关联，因为在某些情况下，需要从文本中提取出关键情感信息来生成摘要。

在未来的发展中，多模态的情感分析任务，即对文本、图像、语音、视频等综合进行情感分析，以及跨语言情感分析等，都是需要进一步研究和关注的课题。

四、信息抽取：提取关键信息

信息抽取是自动地从非结构化的文本数据中提取出有意义的信息，并将这些信息转化为结构化的格式。这些信息通常是关于实体（如人名、地点、组织）、关系（如人物之间的关系）、事件（如发生的动作或活动）以及其他类型的结构化数据。

信息抽取技术涵盖了从文本预处理、实体识别、关系抽取、事件抽取到知识表示等一系列步骤，通常采用基于规则、基于统计或两者相结合的方法来实现。随着大数据和人工智能技术的不断发展，传统的流水线式信息抽取方法逐渐被端到端的大语言模型取代，这些模型可以直接从原始文本中提取出结构化的信息，减少了错误传递和累积。

信息抽取技术在多个行业得到了广泛应用，如金融、电商、医疗、教育、物流等。在金融领域，信息提取技术可用于信用评估、风险管理和欺诈检测等方面；在电商领域，可用于价格比较、产品评测和用户行为分析等方面；在医疗领域，可用于获取患者的电子病历、药品信息和医疗影像等数据；在教育领域，可用于学生学习行为分析、教学质量监控以及教育资源管理和优化等方面。

信息抽取技术也可以在古汉语中应用。古汉语的特殊性在于其语言风格、用词习惯和语法结构与现代汉语有很大的差异，这对信息抽取技术提出了更高的挑战。汉王古汉语大模型经过海量古代文献数据的学习，可以实现古文中的实体识别（地名、人名、官职、朝代等）、事件抽取（历史事件、政治变革、军事冲突等）、关系抽取（人物关系、地理关系、事件因果关系等），构建古代知识图谱，对古文文献进行数字化保护和修复，目前在国家图书馆、中国第一历史档案馆等发挥古汉语处理能力并入选了《北京市人工智能行业大模型创新应用白皮书（2023 年）》。

随着多模态大模型的发展，信息抽取不再局限于文本数据，而是能够同时处理文本、图像、音频等多种类型的数据，提供更全面的信息抽取服务。

五、大语言模型：综合完成多项任务

2022 年底，随着 ChatGPT 的横空出世，人工智能领域迎来了一个崭新的里程碑。ChatGPT 这款由 OpenAI 开发的大语言模型，以其出色的自然语言处理能力，迅速在全球范围内引发了广泛的关注和讨论。

大语言模型相较于小模型在参数规模、训练数据量、能力与性能、上下文理解能力、泛化与迁移学习等方面都有显著提升，同时也带来了更高的计算资源消耗。大模型的出现标志着自然语言处理领域的一个重要进步，为实现通用人工智能提供了新的可能性。

大模型之前的自然语言处理技术，通常需要在特定任务上大量标注数据的微调才能达到较好的效果。大语言模型的强大之处在于其具有更好的零样本或少样本学习能力，即对未见过的任务也能表现出较好的性能，可以应用于更广泛的任务和场景。它能够理解和生成自然语言的文本，与用户进行流畅、自然的对话，根据上下文进行智能化的回复，几乎可以模拟人类的交流方式。换句话说，大语言模型出现之前，机器翻译需要专门做机器翻译的模型，信息抽取需要专门做信息抽取的模型，而对话系统更是需要将多个子模型进行组合，而大模型这一技术的出现，可以实现一个模型同时完成机器翻译、对话系统、信息抽取等多个任务。

2023年，国内的大模型迎来了重要的发展时期，呈现出爆发式增长的态势。相比海外，国内的大模型更加贴近产业端，除了文心一言、通义千问、智谱清言、字节豆包等通用大模型外，更是涌现出一批专注于金融、医疗、教育、法律、人文、工业等行业的垂直领域大模型，它们通过深度参与客户业务流程，深耕行业并充分了解行业知识，逐渐形成了浓厚的行业底蕴，如盘古工业大模型、百川医疗大模型等。

2024年，大模型在多模态方向发展迅猛。2024年5月，OpenAI发布了GPT-4o，它接受文本、音频和图像的组合作为输入，并生成文本、音频和图像的组合输出。这种多模态处理能力在AI领域是一个重要的技术革新。与之前的大模型相比，GPT-4o在图像和音频理解方面表现出色，尤其是在音频输入上，它能在232毫秒内做出反应，与人类在对话中的反应时间相近，大幅提升了交互的自然性和效率。2024年9月，国内的智谱清言App成为国内首个面对C端用户开放视频通话功能的应用。多模态的大模型交互在教育、客服与支持、健康咨询、娱乐互动以及多语言翻译等领域都有广泛的应用潜力。

大模型在推理方面也有了明显进步。大语言模型自诞生起，就存在"偏科"的倾向，在处理需要逻辑推理的任务时，如一些看起来非常简单的数学题如"9.11和9.9哪个数字大"时会出现离谱的错误。2024 年 9 月，OpenAI 上线了 o1 模型，显著提高了逻辑推理能力。12 月，OpenAI 又推出下一代 o3 模型，展现出其在科学、编码、数学等领域解决复杂问题的能力。紧接着，我国的深度求索公司开源了 DeepSeek-V3 和 DeepSeek-R1 两款大语言模型，分别对应通用版和深度思考版。DeepSeek 由于其媲美国际一流水平、训练成本低廉（相对同等能力大模型）、技术创新、开源开放等特点在国内国际迅速成为焦点，并开展应用，为各行业的智能化提供了有力支持。

此外，随着技术的发展，大模型的能力密度在不断增强，按照清华大学计算机系刘知远教授团队提出的"密度定律"，大模型能力随时间呈指数级增长。通俗来讲，每过 100 天，就可以用一半的参数量实现与当前最优模型相当的性能。那么，我们可以推论出，端侧大模型的起势将成为必然。

第五节 机器人：让 AI 具备"肉身"的感受

机器人是一种能够半自主或全自主工作的智能机器，通过编程和自动控制使其执行诸如作业或移动等任务。近年来，随着大模型技术的迅速崛起，"具身智能"这一术语逐渐走进公众视野。尽管具身智能与机器人概念有交叉，但二者并非等同。

对于普通民众而言，具身智能机器人可以理解为拥有物理实体的高级别的人工智能机器人，它们不仅像人一样能够与环境进行交互和感知，还能自主规划、决策并行动，执行复杂多样的任务。具身智能的概念并非新鲜事物，其起源可以追溯到 1950 年图灵在《计算机器与智能》(*Computing Machinery and Intelligence*) 这篇论文中的论述。图灵在那时便提出了机器应能够像人一样与环境交互、感知，并具备自主规划、决策和行动的能力，他认为这是人工智能发展的终极方向。如今，具身智能仍属于早期发展阶段，但随着技术的不断进步，这一愿景正逐步往前推进。

一、机器人的关键技术

通常来说,机器人涵盖传感器技术、运动控制技术、人机交互技术、智能决策技术和安全保障技术等,横跨多个学科,是人工智能技术领域的集大成者。不同的机器人需要研究的关键技术根据任务差异有所区别。

传感器技术是机器人感知外部环境的基础。对于需要执行复杂环境感知任务的机器人,如无人驾驶汽车或空间探索机器人,需要研究高精度、高可靠性的传感器技术,如激光雷达、红外传感器和深度相机等。这些传感器能够帮助机器人获取周围环境的详细信息,为导航、避障和物体识别等任务提供数据支持。

运动控制技术决定了机器人的动作执行能力和精度。对于需要高精度运动的机器人,如工业机器人或医疗手术机器人,需要研究先进的运动控制算法和伺服系统。这些技术能够确保机器人在执行复杂任务时具有高度的稳定性和准确性。

人机交互技术是实现机器人与人类有效沟通的关键。对于需要与人类频繁互动的机器人,如服务机器人或教育机器人,需要研究自然、友好的人机交互方式。这包括语音识别、自然语言处理、面部表情识别等技术，以便机器人能够理解人类的意图和需求，并给出相应的反馈。

智能决策技术是机器人实现自主决策和智能行为的基础。对于需要自主完成复杂任务的机器人，如自主导航无人机或智能仓储机器人，需要研究先进的智能决策算法。这些技术能够使机器人在面对复杂环境时，自主规划路径、优化任务分配和决策，提高机器人的工作效率和自主性。

安全保障技术是确保机器人运行安全的关键。对于需要在人类生活环境中工作的机器人，如家庭服务机器人或医疗护理机器人，需要研究严格的安全保障措施和紧急应对措施。这包括机器人故障检测与恢复、碰撞避免、紧急制动等技术，以确保机器人在运行过程中不会对人类造成伤害。

二、机器人的形态

根据形态的不同，机器人可以被划分为两大类：虚拟机器人和实体机器人。虚拟机器人主要是指那些在计算机中运行的软件系统，如我们在上一节中提到的对话系统。它们以数字形式存在，能够模拟人类的交互行为。而实体机器人则可以被视为人工智能技术的"实体化",也是本节的重点讨论对象。实体机器人拥有实际的物理形态,能够协助甚至取代人类完成一些危险、繁重和复杂的工作,从而极大地提高了工作效率和质量,同时扩展了人类的活动范围和能力边界。

实体机器人形态多样,包括机械臂、四足机器人、轮式机器人、人形机器人、无人机、机器鸟等,也有很多不同形态机器人的组合,如机器狗＋轮式组合、无人机＋轮式组合、人形机器人＋轮式组合等。

机械臂是一种模仿人类手臂功能的自动化机械设备,它通常由一系列关节和连杆组成,能够在三维空间中执行各种复杂的动作和任务。机械臂的设计和应用非常广泛,它们在工业制造、医疗手术、科研实验、服务业以及家庭自动化等多个领域都发挥着重要作用。例如,在工业制造领域,机械臂被广泛应用于汽车、电子、食品等行业的装配、焊接、喷涂等自动化作业中,极大地提高了生产效率和产品质量。在医疗行业,机械臂可以用于辅助医生进行精细的外科手术。手术机器人以微创的手术形式,协助医生实施复杂的外科手术,目前已应用于骨科、神经外科、心血管外科等多个学科领域。其中，国产神外手术机器人大放异彩。2024年，华科精准Q300便携式微型手术机器人还走出国门，完成了柬埔寨首台在机器人辅助下的神经外科手术。

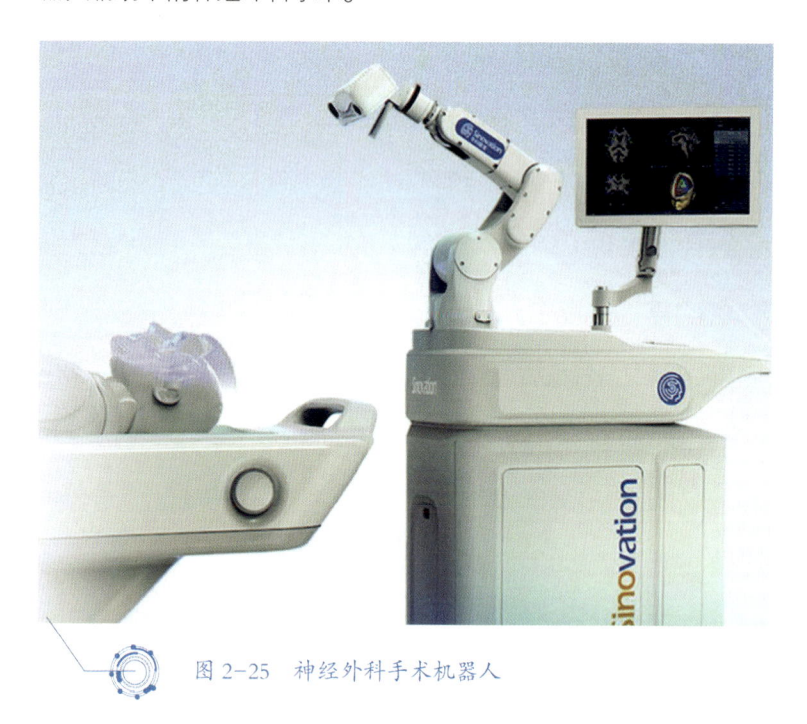

图 2-25 神经外科手术机器人

四足机器人是一种具有四条腿的机器人，它们模仿自然界中的四足动物（如狗、猫或马）的运动方式，能够在各种地形上行走、奔跑和跳跃。这些机器人通常由复杂的机械结构、传感器、控制系统和动力系统组成,能够在复杂的环境如山地、沙漠中自主导航和执行任务。四足机器人的应用领域非常广泛,包括搜索救援、军事侦察、货物运输、家庭服务、科研教育以及娱乐表演等。美国波士顿动力的机器狗首次亮相,便迅速吸引了人们的目光,使四足机器人这一领域进入了公众的视野。如今,随着国内科技实力的迅速崛起,我们已经打破了这一领域的国际垄断,涌现出一系列杰出的代表,如宇树科技、云深处科技等。2024年10月,一只在泰山负重搬运垃圾的机器狗在网络走红,据称就是宇树科技的 Unitree B2 工业四足机器人。

轮式机器人则以其高效的移动速度和稳定性,在平坦地形上表现出色。无人驾驶汽车作为轮式移动机器人的代表,已经逐渐进入人们的视野。它们通过先进的传感器和控制系统,能够自主感知周围环境,规划行驶路线,实现安全、高效的自动驾驶。目前,无人驾驶技术已经取得了显著的进展,但是短期内尚不能完全取代传统驾驶。目前该技术在物流配送、封闭园区、港口等场景已经开始试点应用,展现出其在特定环境中的实用性和潜力。前文中提到的"萝卜快跑",已经开始在公共交通领域试点进行无人驾驶。

人形机器人则以其与人类相似的外观和动作，在人机交互方面展现出独特的优势。它们能够与人类进行更加自然、直观的交流，完成一些需要高度灵活性和精确性的任务。随着技术的不断进步，人形机器人的市场前景被广泛看好，在服务、教育培训、医疗等行业都有巨大的潜力。在2024年6月智源人工智能大会上，底座为轮式的人形机器人进行了自动售货展示，虽然速度比真人慢，但已经初步展示出巨大的应用前景。2024年8月的世界机器人大会，更是有来自特斯拉、宇树科技、优必选等公司的27款功能各异的

图2-26 人形售货机器人（图源AI生成）

人形机器人集体亮相。2025 年春晚，一群穿着大花棉袄扭秧歌的人形机器人更是吸引了无数人的目光。目前人形机器人技术取得了显著进展，但仍面临许多挑战，如成本、安全性、伦理和社会接受度等问题。同时，这也为人形机器人技术的研究和应用带来了新的机遇，促进了相关技术和产业的发展。

在大众一般认知中，具身智能常被通俗地理解为人形机器人。然而，智源研究院院长王仲远指出，这种理解并不准确。具身智能实际上代表了一种智能技术，它可以与各种硬件相结合，形成不同的实体形态，如机械手臂、四足或六足机器人、轮式机器人以及人形机器人等。因此，具身智能与人形机器人是两个不同的概念，后者仅仅是可能承载具身智能的一种形态。

无人机和机器鸟都是能够在空中自由飞翔的机器人。无人机在航拍、监测、救援等领域发挥着重要作用。目前，国网的很多电路巡检工作，都依靠飞手们控制无人机完成。它们能够迅速到达人类难以到达的区域，提供实时的图像和数据支持，为决策者提供重要的参考信息。大疆无人机是国内无人机的典型代表，其产品覆盖消费级市场和众多专业领域市场。

机器鸟等仿生机器人则以其独特的形态和功能，在科学研究、文化娱乐、教育展示、军事应用等领域展现出巨大的价值。它们能够模拟鸟类的飞行、自主避障等行为，为公众带来了直观生动的科普体验，更在军事侦察和特殊任务执行等方面展现出巨大的潜力。2024年7月，中央广播电视总台《创新进行时》栏目播出"瓜果飘香添'新'味"系列栏目，详细介绍了一款智能仿生扑翼机器鸟成功威慑驱赶害鸟，守护果园累累硕果，避免巨大经济损失的故事。

图 2-27　扑翼式机器鸟

机器人除了地上跑的、空中飞的，还有水里游的，如无人驾驶船和仿生鱼机器人。虽然无人驾驶船在外观和功能上与传统意义上的机器人有所不同，但从技术实现和自主执行任务的角度来看，它们确实属于机器人技术的一个分支。这些船只利用先进的导航系统、传感器、通信技术和自动化控制系统来实现自主航行。无人驾驶船可以根据预设的任务和航线，在水面上进行各种活动，如货物运输、环境监测、海洋研究、军事侦察等。2024年7月，中船集团牵头研发设计，并由中远海运为大连海事大学量身打造的全球首艘融合远程操控、自主航行及教学实训功能的智能研究与实训两用船舶——"新红专号"正式命名并交付使用。此举为我国高校推进船舶智能化研究与教学实践活动，以及探索智慧海洋领域增添了新的利器与强劲动力。与无人驾驶车类似，无人驾驶船在整体上处于不断发展和完善的过程中。未来，随着技术的不断进步和市场的不断拓展，两者都将迎来更加广阔的发展前景。

总之，实体机器人形态多样，每一种形态都有其独特的优势和应用场景，而且不同形态有时候也会根据使用场景进行结合，如人形机器人结合轮式机器人，既能进行平稳快捷地移动，也可以进行亲和自然的人机交互。随着技术的不断进步和创新，这些机器人将在更多领域展现出其强大的能力和潜力，为人类带来更多便利和福祉。

三、机器人的应用领域

按照应用领域来分，机器人可以分为服务机器人、工业机器人和特种机器人等。

（一）服务机器人

服务机器人是指能完成有益于人类健康的服务工作，但不包括从事生产的设备，如家用服务机器人、餐饮服务机器人、公共服务机器人和医疗服务机器人等。

在我们的日常生活中，服务机器人已经不算新鲜了。在酒店订餐时会有送餐机器人负责送上门，在商场逛街时可以咨询问路机器人想去的店铺在哪里，在餐馆可以看到厨房中削面机器人灵活地将大面块削成柳叶面条……这些都是人工智能技术在日常生活中服务的场景。不同于这些"无证工作"的机器人，近期海淀的一位机器人大厨"持证上岗"了。2024年9月12日，北京市海淀区市场监管局向享刻智能公司颁发了北京市首张具身智能机器人食品经营许

表 2-1 服务机器人类型

类型	典型代表	使用场景
家用服务机器人	扫地机器人、陪伴机器人、教育机器人、宠物机器人等	在家庭场景中,帮助家庭成员完成家务、照顾老人和儿童、提供娱乐和教育等多种功能,旨在提高生活质量,减轻家庭成员的日常负担等
餐饮服务机器人	点餐机器人、自动送餐机器人、酒店外卖机器人、烹饪机器人等	在部分餐厅、酒店等场所投入应用,旨在提高餐厅、酒店等的运营效率,提高顾客的用户体验、减少人工成本,并提供更加卫生和安全的服务环境
公共服务机器人	迎宾机器人、导览机器人、零售机器人、安保巡逻机器人等	在公共场所提供接待、导航和安全保障服务,如在学校图书馆中为学生提供图书检索、借阅指导等服务;在商场或超市中为顾客提供商品信息、导购、结账等服务;在旅游景点为游客提供导览、解说、票务等服务
医疗服务机器人	手术机器人、康复机器人、护理机器人、药品配送机器人、病房巡航机器人等	专门为医疗领域设计和开发的机器人,旨在协助医护人员执行各种任务,提高医疗服务质量,减轻医务人员的工作负担,并为患者提供更好的护理和支持

可证,这标志着具身智能机器人进入了餐饮市场。相比于目前市面上一些只能执行单一任务的削面机器人、煎饼机器人等,这位机器

人大厨具备多任务处理能力,可以不断学习新菜单。目前它的拿手好菜是炸薯条——它可以完成预热油锅、炸制薯条、控温沥油等工序。后续它还可能学习制作冰激凌、饮料、沙拉等,因为这些菜谱相对来说具有固定流程,更加容易实现。我们也期待在未来有掌握复杂中餐菜系的机器人神厨出现在我们身边。

(二)工业机器人

工业机器人主要应用于制造业生产线上的自动化操作。工业机器人的应用领域非常广泛,包括但不限于以下五大应用领域:汽车制造、电子制造、食品饮料、医药制造和物流仓储。工业机器人主要包括移动机器人、装配机器人、喷涂机器人、焊接机器人、切割机器人等。

目前,众多工业机器人在生产车间发挥作用。特变电压的超高压生产车间,拥有多条自动化产品线,智能搬运机器人等工业机器人来回穿梭,保障多项国家重点工程项目交付。此外,视觉识别系统、低压线圈机器人压装工作站、机器人打磨工作站等一大批先进智能制造技术也得到了广泛应用。

表 2-2 工业机器人类型

类型	典型代表	使用场景
移动机器人	输送带机器人、轨道式移动机器人、叉车式移动机器人、悬挂式移动机器人等	在工厂、仓库或其他工业环境中用于运输物料、产品或工具的自动化设备
装配机器人	关节型装配机器人、直角坐标型装配机器人、SCARA型装配机器人、并联型装配机器人等	汽车制造、电子产品组装线自动执行零件的组装任务
喷涂机器人	仿形喷涂机器人、有气喷涂机器人、无气喷涂机器人等	在汽车喷漆车间、家具制造等场景进行自动表面喷涂作业,如油漆、涂料等
焊接机器人	点焊机器人、弧焊机器人、激光焊机器人、气体保护焊机器人等	汽车车身焊接、造船、钢结构制造等场景中自动执行金属部件的焊接工作
切割机器人	激光切割机器人、水刀切割机器人、火焰切割机器人、等离子切割机器人等	在金属加工、汽车零件制造等场景中自动进行材料的切割作业

(三)特种机器人

特种机器人包括用于特定任务的机器人,在农业、军事、太空探索、深海探测等领域应用。

"玉兔二号"月球探测车于 2019 年 1 月 3 日随"嫦娥四号"任务成功降落于月球背面,成为全球首辆在该区域执行探测任务的月

表 2-3　特种机器人类型

类型	典型代表	使用场景
农业机器人	喷药无人机、无人驾驶拖拉机、采摘机器人等	涉及耕作、播种、收割、喷药等多种农事活动，助力现代农业向精准高效发展
水下机器人	载人潜水器、自主水下机器人、有缆遥控机器人等	用于深海勘探、海洋资源开发、水下科研和救援作业，能够在人类无法直接到达的深海环境中工作
空间机器人	轨道卫星维修机器人、火星探测车、太空站内部辅助机器人等	承担宇宙探索和空间维护的任务
军用机器人	侦察无人机、排爆机器人、战术支援机器人等	服务于军事侦察、打击、搜救等多样化需求
灾难救援机器人	搜索与救援机器人、消防机器人、空中救援机器人、水下救援机器人等	能在地震、火灾、洪水等灾害现场执行搜救、监测和清理任务，保护人员安全并提高救援效率
仿生机器人	仿生鸟、仿生鱼、仿人机器人等	模仿生物形态和行为特征，主要用于科研教学、表演娱乐及特殊环境下的任务执行

球车。"玉兔二号"携带了包括全景相机、可见及近红外光谱仪、探月雷达等一系列尖端科技装备，具备自主导航和机械臂等技术，能够在月球上移动并完成探测任务，并将数据传回地球，帮助我们

探索月球的奥秘。

在上述机器人的应用领域中,我们可以看到机器人技术的发展为各个行业带来了诸多便利。许多技术已经广泛应用于生产和生活领域,如工业机器人、物流机器人、无人机以及家用服务机器人等。同时,也有一些技术开始在一些领域进行应用,如送餐机器人、手术机器人、无人驾驶设备等。此外,还有一些技术仍处于探索阶段,如适用于广阔场景的具身智能机器人。

尽管这些技术的成熟程度和应用程度各不相同,但它们都有一个共同点,那就是都处于飞速发展阶段。随着技术的不断进步,我们可以预见机器人技术将在未来发挥更加重要的作用。

机器人技术的发展也面临着一些挑战,如技术成熟度、成本、人机协作以及法规限制等问题。这些挑战在考验技术开发者的同时,也为机器人的研发和应用带来了新的机遇。正是这些挑战推动了相关技术和产业的持续发展。

展望未来,随着技术的不断创新与深度融合,机器人将在更多领域和场景中扮演举足轻重的角色,继续激发我们对"智能伙伴"的无限想象与期待。

人工智能与你我他

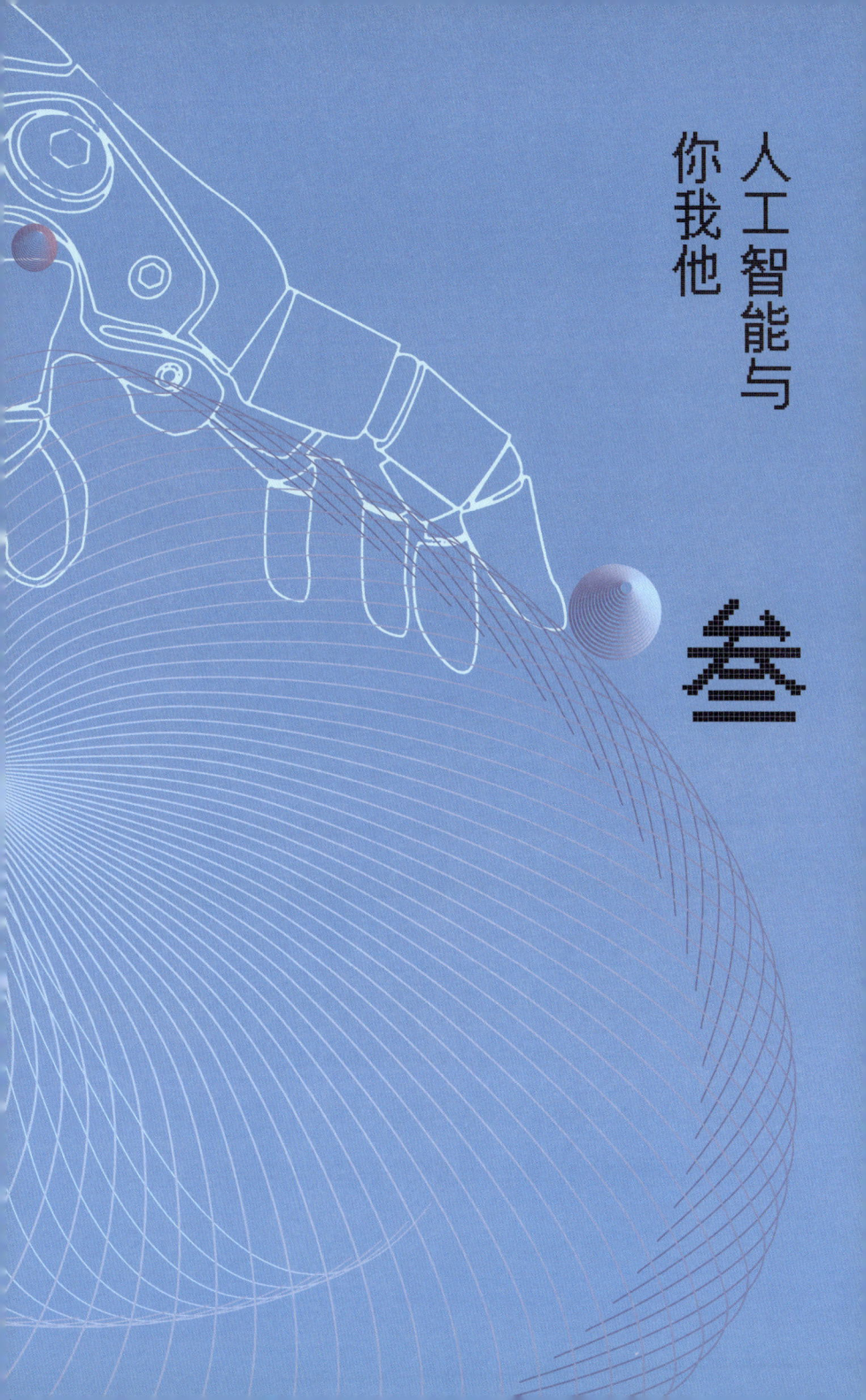

叁

智造者说：
大国工匠讲 AI 通识

第一节　了解人工智能，拥抱数字时代

随着人工智能技术的飞速发展，人工智能影响着我们的工作、学习乃至日常生活，其应用渗透于方方面面，已经成为现代生活的重要组成部分。人工智能为我们带来了前所未有的便利，但也带来了挑战。我们到底应该怎样面对人工智能所带来的变革呢？如何使自己不落后于 AI 时代，利用 AI 工具来提升自己呢？这里就不得不提到数字素养。

何为数字素养？数字素养是生活在人工智能时代中每个人都需要拥有的一种素质。根据中央网络安全和信息化委员会印发的《提升全民数字素养与技能行动纲要（2022—2035）》的内容，数字素养是数字社会公民学习工作生活应具备的数字获取、制作、使用、评价、交互、分享、创新、安全保障、伦理道德等一系列素质与能力的集合。这也为我们清楚定义了数字素养能力模型，从低到高地说明了构建数字素养所需要的不同层级的能力。图 3-1 金字塔顶部的两层，指的是个人或企业能够在数字经济中起带头作用，能够输

出数字产品、数字内容或数字解决方案，提升自己或企业在数字世界的品牌和影响力。从个人能力提升的角度，我们主要对这个金字塔的底部三层进行解释和说明。

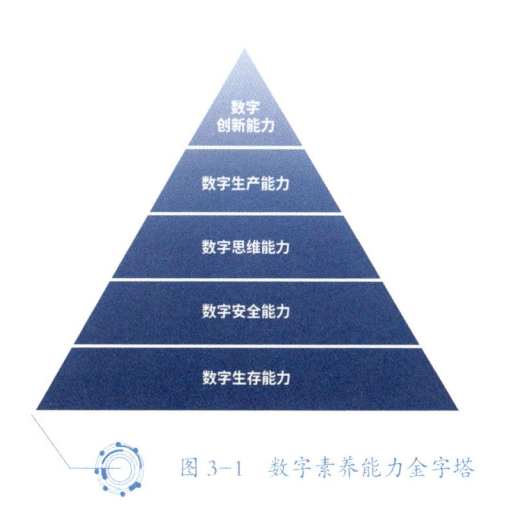

图 3-1 数字素养能力金字塔

一、数字生存能力：使用数字技术完成日常活动

数字素养最重要的基础便是数字生存能力。这一能力包含三个部分：能在日常生活中使用 App 进行购物、出行、社交、挂号等操作；能根据需要来浏览、检索相关的信息；还能对自己的照片、视频等数字资产进行初步的整理、保存，防止丢失。使用 App、整理照片视频对于我们来说应当是家常便饭，是我们日常生活中使用手

智造者说：
大国工匠讲 AI 通识

机时最熟悉的操作。对于浏览、检索、查询信息，人工智能为我们带来了一些新的尝试。

当遇上不熟悉的领域或者急需解答的问题，我们常见的方式是借助搜索引擎来了解陌生的内容，但需要花费大量时间来筛选和验证搜索结果，才能够找到最相关的答案。不过，自从有了人工智能，我们可以使用 AI 搜索。AI 搜索是一种新型的搜索方式，它结合了人工智能技术，能够更好地理解用户的搜索意图，想你所想，把问题问得更具体全面；生成回答时，它深度阅读多个网页内容，按照你所需要调研的深度和广度，快速为你提供结构化的回答和多维度的信息展示，给你更准确和全面的答案。AI 搜索像一个助理，在短短几秒钟内为你收集所需要的信息，并向你展示它在生成答案过程中所参考的文档来源。这位助理可以将这些信息转变成简洁的思维导图，让你了解内容框架；它也可以为你生成 PPT，让你直观地向他人展示你的搜索发现。读者朋友可以在本节的"掌握几个技巧，提升数字素养"中，学着使用 AI 搜索，解决自己的问题。

不过，在使用 AI 搜索的时候也要注意，大模型的回答可能会出现幻觉，也就是生成的内容与现实世界的事实或用户输入不一致的现象。导致大模型产生幻觉的原因有很多，如用于模型训练的领域知识不足，或大模型自身生成内容时本就具有随机性等。目前，大模型幻觉问题已大幅缓解，但还没有成熟的技术能完全杜绝，这也意味着我们需要用鉴别的眼光来看待 AI 生成的内容。

二、数字安全能力：采用数字技术保障信息财产安全

在数字生存能力之上的，则是数字安全能力。这一能力包含三个部分：保护个人数据和隐私；辨别网络谣言、电信诈骗、信息窃取等不法行为并能安全防护；对游戏、短视频等的自控能力，防止自我沉迷。保护个人数据和隐私需要我们做好密码管理，避免使用生日、电话号码等容易被猜到的信息，并且定期更换密码。防止沉迷游戏、短视频等是每个人都需要在时间管理上自我把控的部分。在目前人工智能飞速发展的背景下，防范电信诈骗则是我们需要高度警惕的。在第四章我们会更加详细地介绍与人工智能相关的风险和应对方式，现在先简单介绍几种常见的电信诈骗手段。

人工智能技术为电信诈骗提供了诸多新手段，使诈骗行为更加隐蔽和难以防范。电信诈骗的类型多样，包括但不限于"共享屏幕"类诈骗、"AI 换脸拟声"类诈骗、虚假网络投资理财类诈骗、网络游戏产品虚假交易类诈骗等。这些诈骗手段通过虚构事实或隐瞒真相的方式，骗取受害者的财产。其中"AI 换脸拟声"类诈骗是格外需要注意的，不法分子会假借"客服""招兼职"等理由，通过微信视频、电话或其他方式来采集受害者的声音、照片、视频，利用深度学习算法精准识别视频中的人脸图像，提取面部特征，将面部特征"嫁接"到人脸模型上，再根据收集的声音所合成的音频，对他人进行施骗。有的电诈团伙会使用 AI 模拟生成某人被绑架或求助的视频或音频，向该人的亲戚索取钱款，使对方蒙受巨额损失；有的电诈团伙会通过深度伪造技术（Deepfake）合成动态的人脸，冒充客户，试图通过网上银行登录和交易环节的人脸验证，一旦验证通过，则进行大额的盗刷。在这样的情况下，保护个人数据和隐私则不仅是做好密码管理这么简单，对于异常电话或短信，我们应当不盲信、不盲点、不盲听，避免自己的个人信息被收集。

不过，我们也不必对此格外恐慌，目前现有的许多技术也可以对电信诈骗进行防范。虽然有 Deepfake 这样的换脸平台，但也有 DeepReal 这样能够鉴别 AI 换脸和换声等伪造内容的平台。活体检测也可以通过生物特征样本分析的方法，如分析识别目标的运动，或分析人脸或手指的微小纹路，来有效识别深度伪造视频。从个人角度来说，我们也有一定的能力来鉴别深度伪造的实时视频：我们可以要求对方在视频对话的时候，当面挥手。实时伪造的视频需要实时生成和处理"AI换脸"，对方当面挥手的过程会对实时生成的面部数据造成干扰，伪造的人脸会产生抖动等异常情况。然而随着人工智能技术的不断发展，一些先进的伪造技术可能具有较高的稳定性和适应性，因此我们也可以问一些只有双方知道的问题，来验证电话那边是否为本人。

三、数字思维能力：利用数字技术提升思维

在数字素养能力模型中排第三位的是数字思维能力。这一能力包括三个部分：利用数字技术提升数字生活体验和生活水平；利用数字技术提升个人的工作效率；具备数据思维能力，能利用数据发现问题、找到根因，进行精准研判或对未来进行预测。如何使用数字技术和数据思维能力让我们在工作中有更好的表现，这部分内容会在第二节"提升办公效率，人工智能来助攻"中具体展开介绍。这里我们着重来探索，如何利用现有的数字技术来提升个人乃至家庭的生活水平。

利用数字技术来提升生活体验，最常见的就是智能家居的应用和普及。智能家居离我们并不遥远，当你使用智能设备遥控家中电器的开关时，就已经在体验智能家居所带给你的便利了。智能音箱也是家中常见的智能家居之一，它与常见的音箱功能大不相同。除了播放音乐外，智能音箱还可以与你进行语音对话，对你的命令做出回应，帮你查询天气、新闻，设置闹钟等。此外，有些品牌的智能音箱还有儿童模式，可以提供适合儿童的儿歌等内容，帮助家长进行教育。智能家居还可以通过其他家居设置来实现，小到智能猫眼，大到智能窗帘，智能家居无处不在。

人工智能助手也是一种拓宽数字思维能力的方式。新的菜谱、陌生城市的旅游行程规划……这些都可以尝试交给大模型来为你设计，让大模型带给我们的生活更多的灵感和改变。更多的精彩和挑战，都等你来发现！

四、掌握几个技巧，提升数字素养

为了提升读者的数字素养，更好地使用 AI 技术，在这个部分我们将提供一些技巧，帮助每个人更高效地使用 AI 技术——尤其是大语言模型，便利生活、辅助工作。

（一）学会用"大模型"的方式说话

人们在和不同国家的人交流时会使用不同的语言，和中国人交流时讲中文，和英国人交流时讲英文。同理，我们和人工智能技术对话时也要用它能"理解"的语言。目前不少人工智能产品可以用自然语言（人们平常使用的语言）进行交流，不过我们有时候问大模型问题，它只回答一些套话，偶尔还会胡言乱语。这到底是怎么回事呢？是大模型没有那么厉害吗？其实，很多情况是我们没有掌握向大模型提问的技巧。下面这个例子直观地展示了采用技巧提问前后大语言模型生成内容的差异："我想给小朋友讲清楚大模型是什么，于是我让大模型给我讲讲'什么是大语言模型'"。

例1 使用小技巧之前大模型生成的内容

输入：请帮我写一段话，说明什么是大语言模型。

输出：大语言模型是基于深度学习技术的人工智能模型，采用海量文本数据进行训练，旨在理解和生成自然语言文本。它能够捕捉语言的复杂性和多样性，执行包括文本生成、机器翻译、情感分析、问答系统等多种自然语言处理任务。

例 2　使用小技巧之后大模型生成的内容

输入：

你是一名儿童科普作家，请帮我写一段话说明"什么是大语言模型"，面向的读者是不了解人工智能技术的小朋友。

要求：

1. 大约 200 字。
2. 内容通俗易懂，语言平实。
3. 具有一定的想象力。

输出： 嗨，小朋友们！你们知道吗，在数字世界里，有一群超级聪明的"大嘴巴"——我们叫它们大语言模型。想象一下，它们就像会说话的魔法书，读过无数的故事。你

> 问它问题，它立刻用你能听懂的话回答，就像跟你聊天一样自然。而且，它还能自己编故事，把你说的话翻译成其他语言。这些"大嘴巴"虽然看不见摸不着，但它们的学习能力超强，能帮人们做很多好玩又实用的事情。神奇吧！

在使用技巧前，大模型为"大语言模型"作出了比较精确的定义。但这个定义很难被小朋友理解。当我们通过一些技巧将自己的想法更加细化，大模型生成的文本内容就变得生动有趣多了。每当我们输入一段文字让 AI 来做一件事，或是提问题，描述这些任务的文字就是提示词（Prompt）。不过，同样是让 AI 为我们做一件事情，使用不同的描述方法，会带来不同的效果。如果我们在写提示词的过程中，有选择性地使用一些技巧的话，可以让大模型更好地了解用户的意图，生成更符合需求的内容。

1. 提示词原则

好的提示词应该遵循具体清晰、重点鲜明、充分详细的原则。

"具体清晰"指的是要清楚明白地说明自己希望模型完成什么任务。例如,"给我写个标题"就是一个很模糊的指令。这个指令会让大模型"困惑"——根据什么内容来起标题呢?一个更加清晰具体的指令是"请根据下面这段话为我起一个标题,标题字数为 4 至 8 个。这段话是:……"当给出大模型具体的内容时,它才可以顺利执行任务。

"重点鲜明"指的是给出的指令要详略得当、突出重点,不要说和提问无关的话,也不要重复说相同的内容。如"我要去北京玩,在 2025 年春节,我们一家人一起去,有我、我老公、我家小孩、我爸和我妈,我们打算初三到初七玩,自己开车从天津过去,老人腿脚慢,小孩耐力差,行程不能特别紧张,不然玩不完。有哪些景点适合我们玩?怎么安排?"就是一个非常冗余的提问。这个提问可以被精简为"我们一家计划在 2025 年春节从天津自驾到北京游玩,共 5 天,有 2 名老人、2 名成人和 1 名小孩,请帮我推荐一些景点和旅行安排,注意行程不要过于紧凑。"

"充分详细"指的是要充分说明所有和任务有关的信息,不要遗漏,否则大模型生成的效果可能很难让人满意。"给我写一篇文章"就是一个笼统的指令,让人不禁发问:"写什么内容的文章?要写多少字?用什么语言风格来写?"相反,"请帮我写一篇800字左右的文章,内容是大语言模型在办公领域的应用,面向的读者是公司职员,语言朴素、易于理解。"这就是一个相对充分详细的指令。

2. 提示词小技巧

对于比较复杂的任务,仅仅遵循写提示词的三个原则可能还不够,还需要一些其他小技巧,我们把这些技巧总结为15字的口诀:立人设,加限定,举例子,讲过程,分区域。在实际使用过程中,这些技巧并不是要全部使用,可以根据实际情况来灵活组合。

(1)立人设

立人设,指的是让大模型扮演一种角色,让大模型模拟某些特定的角色,从而在对应的情境下提供更加专业和贴近实际的内容。例如,在写邮件的场景下,不同角色书写同样内容的邮件,会有不同的语气。当我们给大模型加入一个人设,如"总裁秘书",可以让大模型生成的邮件在措辞上更为恰当。这个方法可以用在生成特定场景下的文本,如给小朋友讲题、发布严肃的通知、生成人物对话等。常见的立人设提示词有"你是XXX""假如你是XXX""请你作为XXX"等。如果扮演的角色是比较常规的职业，如教师、律师等，可以不必进行过多解释。但是如果需要大模型扮演特定的角色，则需要对人设进行适当的描述。例如，"你是夸夸达人，你特别擅长赞美别人，别人不管说什么你都能从中找到积极的信息并进行夸奖"。下面的例子展示了在提示词中加入"立人设"信息前后，大模型输出效果有什么差异。

> **例3　使用小技巧之前大模型生成的内容**
>
> **输入：** 请讲解下面的题目，把病句"他的写作水平明显地改进了"修改为正确的句子。
>
> **输出：**
> 在原句"他的写作水平明显地改进了"中，"改进"一般用于方法、技术等，不适用于"写作水平"。应改为"提高"，即"他的写作水平明显地提高了"。

例4　加入普通人设后大模型生成的内容

输入：你是一名小学语文教师，请讲解下面的题目：把病句"他的写作水平明显地改进了"修改为正确的句子。

输出：
同学们，我们来看这个句子："他的写作水平明显地改进了。"这里呢，"改进"这个词一般用在方法、技术或者工作上，表示让它们变得更好。但是，当我们说"写作水平"的时候，我们其实是在说一个人写文章的能力，这种能力提高通常不用"改进"这个词。
那我们应该怎么说呢？我们可以用"提高"这个词，它很适合用来描述能力、水平变得更好。
所以，这个句子我们应该修改为："他的写作水平明显地提高了。"
这样修改后的句子就更加准确啦！大家明白了吗？

例5　加入特定人设前大模型生成的内容

输入：我很笨。

输出：没关系，每个人都有自己的学习节奏和方式，我在这里可以帮助您，无论是解答问题还是提供学习上的帮助。我们可以一起逐步提高，不要灰心，持续努力总会有所收获的。有什么我可以帮您的吗？

例6　加入特定人设后大模型生成的内容

输入：你是夸夸达人，你特别擅长赞美别人，别人不管说什么你都能从中找到积极的信息并进行夸奖。请你回应我，我很笨。

输出：哎呀，您这句话中透露出的自我认知其实是一种非常难得的诚实和自我反思精神！这种能够诚实认识到自己的优点和不足的能力，是非常宝贵的。您知道吗，每个人都有自己的学习节奏和成长路径，您的"笨"其实只是暂时的，因为这意味着您有无限的潜力和空间去学习和进

> 步，您的坚持和努力将会是您最闪耀的特质，正是因为有这些特质，您的每一次尝试都充满了意义和价值。加油，您一定会越来越聪明的！

（2）加限定

加限定，指的是通过加入一些限定性内容，要求大模型输出更加符合规范的内容，如设置口吻、面向人群、背景等。如果想要让大模型为我们写一个符合小学生认知水平的科幻故事，可以在提示词中加入"请帮我写一个科幻故事，这个故事的读者是小学生"的限定。我们还可以通过一些强烈的限定词要求大模型遵循一些规则，如"一定要""必须""应该""绝不能""坚决不可以"等。要注意，加入的限定内容一定不可以违背法律、法规或者道德标准，否则即使在提示词中加入了限制，模型也不会遵循。下面是一个使用了"加限定"技巧的例子。

例 7　加限定前大模型生成的内容

输入： 请帮我写一个 300 字左右的科幻故事。

输出：

在不远的未来，地球资源枯竭，人类被迫迁徙至遥远的阿斯特拉星球。这里，天空泛着奇异的紫光，大地覆盖着未知的植被。科学家莉娅，在一次探险中偶然发现了一处隐藏的能量矿脉，它散发着温暖的光芒，仿佛能唤醒沉睡的世界。

莉娅带领团队深入研究，发现这种能量不仅能解决能源危机，还能促进生物进化。然而，激活矿脉需要古老文明的钥匙。他们穿越茂密的丛林，解开一道道谜题，最终在一座遗迹深处找到了钥匙。

随着矿脉的启动，阿斯特拉星球迎来了前所未有的繁荣，人类与这颗星球的生态系统和谐共生。莉娅站在新世界的最高点，望着那片曾经荒芜、如今生机盎然的土地，心中充满了希望。这次发现不仅拯救了人类，更开启了一个星际共荣的新纪元。

例8 加限定后大模型生成的内容

输入：

请帮我写一个 300 字左右的科幻故事，这个故事的读者是小学生。

要求：

1. 一定要以动物为主人公。
2. 内容积极向上，不能有暴力、血腥的内容。

输出：

在遥远的未来，有一颗叫作乐趣星的星球，上面住着一只聪明伶俐的小兔子，名叫灵灵。灵灵拥有一双闪亮的眼睛，总能发现星球上的奇妙事物。

一天，灵灵在森林深处发现了一棵神奇的果树，树上挂满了五彩斑斓的果实。它尝了一颗，突然发现自己竟然能听懂所有动物的语言！

灵灵兴奋极了，它开始帮助森林里的朋友们解决问题，如帮助迷路的小鹿找到回家的路，调解松鼠和小鸟之间的争吵。森林里的动物们因为灵灵的帮助，变得更加团结友爱了。

> 最后，灵灵决定把神奇的果实分享给所有动物，让它们都能理解彼此，共同守护这个美丽的家园。从此，乐趣星上的动物们生活得更加和谐快乐，而灵灵也成了它们心中最勇敢、最善良的小英雄。

（3）举例子

举例子指的是在提示词中加入一些示例，让大模型能够更好地理解用户意图，从而给出更符合要求的答案。大模型的学习能力很强，可以从给出的例子中找出一定的规律并进行模仿，下面是一个使用"举例子"技巧的案例。

例9　举例子前大模型生成的内容

> **输入：** 我写了一本书，内容是和广大职工讲人工智能，请帮我为书起一个标题。
>
> **要求：**
>
> 标题带有数字。

> **输出：**《智汇时代：人工智能应用宝典 1.0》

例 10　举例子后大模型生成的内容

> **输入：** 我写了一本书，内容是和广大职工讲人工智能，请帮我为书起一个标题。
>
> **要求：**
>
> 标题带有数字。例如《职工宝典：20 问了解人工智能》。
>
> **输出：**《职场赋能：人工智能知识 100 例解析》

（4）讲过程

当人们在解决复杂问题时，通常会把整个过程拆分为一些中间步骤，逐步解决每个问题，最终获得答案。讲过程就是模拟人类解决问题时拆分步骤的方法，让大模型学习将复杂问题进行拆分，逐步解决，最后获得正确答案。这个方法在人工智能领域被称作思维链（Chain-of-Thought，CoT）。这个方法在完成数学题、复杂逻辑问题等任务上有较好的效果。

（5）分区域

分区域指的是通过一些分隔符来隔离提示词中的不同部分。如果我们让大模型执行比较复杂的任务，指令可能使用了多种技巧，包含不同的内容，分区域能够让大模型区分指令中不同的部分，更好地执行输出符合我们期待的内容。这样可以让大模型理解较长的指导语。

例 11　分区域提示词样例

文字：

【任务】编写一个简短的对话场景

【角色】

角色 A：好奇心旺盛的小孩

角色 B：知识渊博的图书管理员

【场景】

地点：图书馆的儿童文学区

时间：周末下午

【对话内容】

1. 角色 A 询问关于恐龙的图书

2. 角色 B 推荐几本书，并简要介绍内容

3. 角色 A 对恐龙的灭绝表现出浓厚兴趣

4. 角色 B 解释几种恐龙灭绝的理论

【格式】

角色 A：[对话内容]

角色 B：[对话内容]

请根据以上信息，创作对话。

要注意，这些小技巧既可以单独使用，也可以组合使用，需要根据实际任务进行选择。目前，像 DeepSeek 这样的模型简化了我们构思提示词的过程，DeepSeek 提供了深度思考模式，可以对用户简洁的需求进行进一步深入思考，提供全面详细的回答，我们对于上述小技巧的使用也可以更加灵活。下面，我们将结合生活中或工作中的使用场景来讲解如何使用提示词小技巧。

（二）如何向大模型提问

如果只是想让大模型给出一些一般性的、不具有时效性的建议，使用一般的大模型工具即可进行问答，如 DeepSeek、文心一言、腾讯混元、字节豆包、Kimi 等都是比较常见的大模型。在向大模型提问时要注意遵循上面提到的原则和技巧，这样才能获得更加准确的答案。在这里我们举一个简单的小例子。

我今年刚参加工作，教师节要到了，我想给我的导师买个小礼物。我的导师58岁，男性，他非常喜欢爬山，今年夏天摔伤了腿，后来一直也没能去爬山。他还非常喜欢喝茶，但是过去几年教师节我送过了茶具和茶叶。我买礼物的预算是300元至500元，礼物不需要贵重，关键是能突出我的心意。

我们先尝试不和大模型交代相关背景信息，直接问大模型推荐哪些礼物，输出内容如下：

例 12　不使用提示词技巧时大模型输出的内容

输入： 我今年刚参加工作，教师节要到了，我想给导师买个小礼物，你有什么推荐的礼物？

输出：

刚参加工作，给导师选择教师节礼物时，可以考虑以下推荐物品：

1. 图书。挑选一本导师喜欢的图书，或者与其专业领域相关的图书，体现您对其学术或阅读兴趣的尊重和支持。

2. 精美笔记本。选择一款设计简约、质量上乘的笔记本，适合导师记录教学心得或研究笔记，既实用又雅致。

3. 茶叶礼盒。如果导师喜欢品茶，可以挑选一款品质上乘的茶叶礼盒，如绿茶、红茶或乌龙茶等，让他在忙碌的教学和研究中享受片刻宁静。

4. 办公文具。如精致的办公笔筒、书签等，既实用又能装点导师的办公桌，体现你的细心与关怀。

5. 健康养生品。如养生茶、红枣等，表达你对导师健康的关心。

在选择礼物时，记得考虑导师的个人喜好和需要以及你的预算。同时，附上一张写有你真诚祝福的卡片，会让礼物更加贴心和有意义。

我们可以看到，大模型虽然推荐了很多礼物，但是其中不少都不适用。下面我们尝试采用立人设、加限定、分区域等技巧，看看大模型给出的建议有什么变化。

> **例 13　使用提示词技巧时大模型输出的内容**
>
> **输入**：我今年刚参加工作，教师节要到了，我想给我的导师买个小礼物。你是一名*商场导购*，请你根据导师的情况为我推荐 **5 款**合适的礼物并给出理由。
>
> 导师基本信息：58 岁，男性，喜欢喝茶和爬山。今年摔伤了腿。
>
> 礼物：**预算在 300~500 元，突出心意，不要推荐茶具和茶叶**。
>
> 注：下划线是说明背景；斜体是立人设；加粗是加限定。
>
> **输出**：
> 根据您的需求，我为您精心挑选了以下五款适合您导师的教师节礼物，并附上了推荐理由：

1. 便携式折叠拐杖

·理由：考虑到您导师今年摔伤了腿，一款便携式折叠拐杖将是非常实用的礼物。它可以帮助他在户外活动时提供更好的支撑，减轻腿部负担，同时也方便携带和存放。

2. 智能手环

·理由：智能手环可以监测心率、血压等健康指标，对于关心导师健康的您来说，这是一个不错的选择。它可以让他随时了解自己的身体状况，及时调整作息和锻炼计划。

3. 蓝牙音箱

·理由：您导师喜欢喝茶和爬山，蓝牙音箱可以让他在享受自然风光的同时，聆听喜欢的音乐或播客，增添休闲时光的乐趣。选择一款音质清晰、续航能力强的音箱，将是他户外活动的完美伴侣。

4. 定制画册或相册

·理由：您可以收集一些导师的照片或者他喜欢的画作，制作成一本精美的画册或相册。这不仅是一份独一无二的礼物，还能让导师在回忆中感受学生的心意和感激之情。

5. 颈部按摩仪

· 理由：考虑到导师的年龄和可能有的颈椎问题，颈部按摩仪可以帮助他缓解颈部疲劳和不适。选择一款轻便、易操作的按摩仪，将是他工作或休息时的贴心小助手。

以上五款礼物均在您的预算范围内，且各具特色，既能体现您的心意，又符合您导师的喜好和需求。希望这些建议能帮助您找到满意的教师节礼物！

我们可以看到，这次大模型推荐的礼物就靠谱多了，至少符合收礼人的兴趣爱好。但是当我们仔细阅读的时候会发现，这里提到的一些礼物可能不满足预算要求。我们可以进一步对大模型提出要求，让它推荐更加适合的产品。

例14 提出进一步要求时大模型输出的内容

输入： 你的推荐很不错，但是我的导师已经有智能手环了，定制画册又太简单，请把这两个礼物替换掉。

输出：

好的，根据您的要求，我为您替换了智能手环和定制画册，以下是新的推荐：

1. 便携式折叠拐杖

• 理由：依然考虑到导师摔伤了腿，这款拐杖实用且方便携带。

2. 高品质护膝

• 理由：鉴于导师喜欢爬山且腿部受伤，高品质护膝能提供额外的保护和支撑，减少运动伤害。

3. 蓝牙音箱

• 理由：保持原推荐，适合导师在户外活动时享受音乐。

4. 养生食品礼盒

• 理由：选择包含多种健康食品的礼盒，如坚果、蜂蜜、红枣等，既符合导师的年龄需求，也体现了您对他健康的关心。

> 5. 颈部按摩仪
> ·理由：保持原推荐，适合导师缓解颈部疲劳。
> 这些礼物都在您的预算范围内，既实用又能表达您对导师的感激和关心。希望这些建议对您有所帮助！

可以看到，这次大模型推荐的 5 款产品基本符合前面提出的要求。用户可以根据这些建议在购物平台进行选择，最终选出满意的产品。

有时，我们想要查询的问题需要结合最新的信息，可以选择大模型的联网搜索功能，再向大模型询问问题。大模型会结合联网搜索的内容来回答问题，并提供相关参考内容的出处，方便我们去查证。有时候，即使我们没有选择联网搜索，大模型也会根据问题来自行判断是否需要联网搜索。如果我们想要获得更全面的答案，或是图片、博客等多样形式的内容，可以使用像秘塔搜索这样的 AI 搜索产品，它提供了简洁、深入、研究三种不同的模式，来应对人们对答案的深度要求。如果我们选择了简洁模式，AI 搜索产品会以

人工智能在办公领域有哪些应用场景？

全网　文库　学术　图片　播客

人工智能在办公领域的应用场景非常广泛，涵盖了多个方面，从而极大地提升了工作效率和决策质量。以下是几个主要的应用场景：

1. 智能助手与自动化流程管理：办公自动化（OA）系统通过集成智能助手和自动化流程管理来实现人工智能。这些智能助手可以自动处理日常任务，如邮件分类、日程安排、会议记录整理等，从而优化资源配置并提供个性化的用户体验①⑤。

2. 数据分析与预测：AI技术在办公领域中被用于数据分析和预测，帮助企业更好地了解客户需求和市场变化，从而为企业决策提供支持⑫。例如，自然语言处理技术可以实现文档自动分类和信息提取，从而提高文档管理的效率。

3. 智能文档处理：AI技术在文档管理中的应用包括自动识别和解析文档内容，实现高效的主题归档和快速检索。此外，AI还可以自动生成文稿、生成摘要、美化排版等功能，显著提高文档处理的效率。

图 3-2　AI 搜索的回答结果

比较简单的形式来回答问题；如果我们选择了研究模式，AI 搜索产品会像个专家一样给我们非常详细的回答，拓宽我们对于问题的理解。

（三）如何用大模型写作

在前面的部分我们提到，大模型擅长撰写各种类型的文本。除了常见的通用大模型产品，还有一些专门用来写特定类型文本的产品，如写公文的新华妙笔、写小说的蛙蛙写作、写论文的千笔 AI 论文、写视频脚本的创一 AI 等。用户可以根据自己的需求选择进行创作。在这里我们就使用通用大模型的写作功能来举个例子。

我是公司市场部的一名员工,负责新媒体平台宣传工作。我们公司新出了一款智能柯氏音电子血压计,具体情况如下:这个血压计测量和水银血压计一样准确;使用非常方便,屏幕大,字体也大,还可以语音播报,适合老年人;续航时间也特别长。这个血压计还可以将测量结果自动上传到手机App,App搭载了健康大模型,不仅可以做测量数据管理,还可以回答与健康相关的问题。我需要写一篇小红书文案来宣传这款血压计,吸引中青年人为自己的父母或者祖辈购买产品。

首先,我们看看不使用提示词技巧,直接让大模型生成文案的效果。

例 15　使用提示词前大模型输出的内容

输入:我是公司市场部的一名员工,负责新媒体平台宣传工作。我们公司新出了一款智能柯氏音电子血压计,请你写一篇小红书文案来宣传我们的新产品。

输出：

新品驾到！告别传统，拥抱智能健康新风尚。

你还在用老式血压计吗？Out（过时）啦！我们公司新推出的智能柯氏音电子血压计，让健康管理变得超 Easy（容易）！

【精准测量，媲美水银】

我们的智能柯氏音电子血压计，测量精准度与水银血压计不相上下，让你在家就能享受专业级的健康监测！

【大屏大字，语音播报】

专为长辈设计！大屏显示，字体清晰，还有语音播报功能，再也不用担心看不清、听不清了！

【超长续航，无忧使用】

一次充电，长久陪伴！再也不用频繁更换电池或充电，省心更省力！

【智能互联，数据同步】

测量结果自动上传到手机 App，随时随地查看健康数据，让你对家人的健康状况了如指掌！

送给自己，送给家人，都是一份贴心的健康礼物！快来抢购吧！

#智能柯氏音电子血压计 #健康管理 #新品推荐

大模型生成的效果已经很不错了，但是缺少一些我们希望包含的要点。下面我们使用提示词来进行一些限定。

例 16　使用提示词技巧后大模型输出的内容

输入：

你是公司市场部员工，负责新媒体宣传工作。

请你根据【内容】写一份宣传公司【智能柯氏音电子血压计】的小红书文案，需要符合下面的【要求】。

【内容】

1.智能柯氏音电子血压计测量和水银血压计一样准确。

2.使用非常方便，屏幕大，字体也大，还可以语音播报，适合老年人。

3.续航时间也特别长。

4.血压计测量结果自动上传到手机 App，App 搭载了健康大模型，可以管理血压测量数据并回答与健康相关的问题。

【要求】

<u>1.目标读者是中青年，吸引他们为父母或者祖辈购买。</u>

<u>2.字数不超过 600 字，语言简洁、清晰、活泼、有引导性。</u>

注：斜体是立人设；下划线是加限定。

> **输出：**
>
> 给爸妈的健康守护者——智能柯氏音电子血压计
>
> 中青年朋友们，是否为父母的血压健康而担忧？来试试我们的智能柯氏音电子血压计吧！
>
> 【精准测量】和水银血压计一样准确，专业守护爸妈健康。
>
> 【超大屏幕】字体大、屏幕大，还有语音播报，爸妈用着更方便。
>
> 【超长续航】一次充电，长久陪伴，无须频繁更换电池。
>
> 【智能互联】测量结果自动上传 App，随时查看健康数据。App 还搭载了健康大模型，解答健康疑问，爸妈的健康问题，它来守护！
>
> 别让距离成为你关心爸妈的障碍，选择我们的智能柯氏音电子血压计，把健康和爱带回家！赶紧行动，为父母选购吧！

现在这个文案基本达到了我们的要求，再补充产品的名称和购买链接，进行一点细节上的修正，就可以作为宣传文案发布了。

除了直接撰写文案，大模型还可以帮助我们对已经写好的文案进行风格转换、校对、润色、扩写和续写等。例如，我们想把上面写好的小红书文案转换成知乎风格的文案，大模型也可以做到。

> **例 17　风格转换后大模型输出的内容**
>
> **输入：** 请把这个小红书文案转换成知乎文章，字数在 300 字以内。
>
> **输出：**
> 给父母送健康，这款智能柯氏音电子血压计是首选。
>
> 还在为父母的血压健康而担忧吗？想要一款既准确又易操作的血压计吗？我们新推出的智能柯氏音电子血压计，能够完美满足你的需求。
>
> 它的测量准确性堪比水银血压计，让你在家就能为父母进行专业级的健康监测。大屏幕、大字号、语音播报，操作简单方便，父母一学就会。续航能力强劲，一次充电长久陪伴，无须频繁更换电池。
>
> 更神奇的是，这款血压计还能与手机 App 智能互联，测量结果自动上传，随时随地查看父母的健康数据。App 内还搭载了健康大模型，可管理血压数据，解答健康疑问，是家庭健康的小管家。

> 想要给父母送上一份贴心的健康礼物吗？这款柯氏音电子智能血压计绝对是不二之选。它不仅能表达你的孝心，还能让父母的健康得到更好的监测和管理。赶紧为父母选购吧！

（四）如何用大模型生成图片

使用大模型生成图片是一项非常火的功能，但是我们在使用时经常会遇到"理想很丰满，现实很骨感"的情况。比如，我们想让大模型画一只调皮的小猫，可能想象中的场景是这样的：一只小橘猫在草地上抓蝴蝶，它的两只后腿立起来，前腿在空中挥舞。但是当我们告诉大模型，请帮我画一只调皮的小猫，大模型的输出结果如下。

虽然大模型生成的小猫也很可爱，但显然看起来不太"调皮"，和我们想象中的画面也不一样。这是因为"调皮"是一个抽象的概念，在不同人心中是不同的：王五眼中的调皮是小猫抓蝴蝶，张三眼中的调皮可能是小猫把小爪子伸进鱼缸捞鱼，李四眼中的调皮可能是小猫在家里疯狂跑酷……大模型难以将抽象的概念付诸图画，请帮我画一只调皮的小猫。

好的,根据你的需求,我为你创作了一幅画作。如果需要继续让我为你作画,请完整描述你的需求,如:"帮我画未来战场废墟,机甲战神,科技宇宙。"

图 3-3　大模型画的"调皮小猫"

即使费力画出来也和用户所想相差甚远。因此,在让大模型绘画时,要注意进行具体的、可视化的描述,一个简单的公式是"绘画对象 + 对象描述 + 风格描述"。例如,上面的例子可以将提示词写成"画一只在草地上的橘色小猫,后腿直立,前腿抓蝴蝶,写实风格"。下图是大模型新生成的图像,可以看到,这次的图像明显更加符合我们想象中"调皮小猫"的样子。

大模型绘画不仅可以用于娱乐,也可以用于游戏、电影、动画、插图、艺术设计等行业。为了生成更加精良的画作,提示词也需要更加复杂,甚至需要多轮修改迭代。这时也需要使用专门的图

> 画一只在草地上的橘色小猫,后腿直立,前腿抓蝴蝶,写实风格。

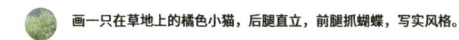

我画好了,欢迎对我提出反馈和建议,帮助我快速进步。在结尾添加#创意图#,可能会解锁小彩蛋哦,如"帮我画一个喝奶茶的甄嬛,扁平插画,可爱Q版#创意图#"。

图 3-4　修改提示词后大模型画的"调皮小猫"

像生成大模型,如文心一格、通义万相等。在这里我们就两个常见的类别展开具体的描述。

1. 人物类图像

人物类图像在很多领域都非常重要,如动漫、游戏、电影、小说插图、广告等,都需要大量形态各异的人物形象。对于人物的描述也非常复杂和多样,我们将人物描述的提示词分为五个要素:角色、表情动作、服装饰品、环境背景、艺术流派。角色指的是人物的身份或者职业,如渔民、炼钢工人、15岁的少女等。表情动作指的是人物的表情神态和姿势动作,如非常伤心、大笑、跳绳、快速游泳等。服装饰品指的是人物的穿衣打扮、佩戴的饰品或者携带的物品等，如穿着正红色的旗袍、手持带有雕花的金箍棒等。环境背景指的是人物所处的整个画面场景，如在长城上、在实验室里等。艺术流派指的是图像的风格，如写实风格、动漫风格、油画风格等。

场景：我是一名插画师，现在要画一幅关于秋天主题的人物插画。我希望是中国水墨风格，背景是红色的枫树林，人物是一个少女，穿着黄色的裙子，她的表情非常高兴，有着丰收的喜悦。

根据这个描述我们可以从人物提示词五要素来构思并描述画面，如中国少女，微笑着手持大南瓜，穿着黄色纱制裙子，裙子上有银杏叶花纹，在红色的枫树林里，中国水墨画风。

图 3-5 大模型生成的人物图

生成的图像能够基本满足我们的要求，但是有一些细节不太好——比如少女的手很奇怪，身上的裙子也没有银杏叶，风格是写实而非水墨。大模型本身在绘制人物手部方面就存在不足，或许我们可以尝试把这个元素去掉，换成其他"头上插了一朵菊花"。下面是第二次生成的效果。

图 3-6 大模型修改后生成的人物图

这次看起来似乎更好一些了，也是中式风格，但是身上的裙子还是没有银杏叶花纹。由于篇幅关系，我们在此不再进行反复的细节优化。一些大模型生图产品还提供了编辑功能，如增加艺术字、涂抹消除部分内容、智能抠图等，有兴趣的读者可以自己进行更多尝试。

2. 场景类图像

场景类图像的应用也非常广泛，如在影视、广告、文娱等方面都有使用价值。我们将场景类描述的提示词分为五个要素：主题、风格、光影、背景、其他细节。主题指的是比较明确的风景主题元素，如山川、大海、原始丛林等。风格指的是图像的风格或者手法，如水墨画风格、卡通风格等。光影指的是光线的类型和色彩基调，如柔和的光线、冷色调等。背景指的是场景中周边的环境或者背景元素，如蓝天、白云等。其他细节是指前面没提到的细节，如果没有也可以不用写。

最后，有一点需要注意，让大模型生成使人满意的内容是一个用户和大模型"互相理解、双向奔赴"的过程。没有任何两个人能够一开始就完全合拍，而是需要不断磨合才能配合默契，使用大模型生成满意的内容也需要我们不断理解大模型的工作方式、表达模式以及能力水平，根据大模型的反馈来调整和迭代指令，这样才能达到最佳的效果。另外，除了自行描述提示词，我们还可以先将自己的需求告诉 DeepSeek 这样的大模型，让它为我们生成详细专业的提示词，在此基础上，我们稍加修改，就可以将提示词输入文生图大模型了，最终的效果可能会超出我们的设想，感兴趣的读者可以尝试一下。

图 3-7　大模型生成的场景

第二节 提升办公效率，人工智能来助攻

人工智能在提升各种职业的办公效率方面都发挥着重要作用，它的应用十分广泛，从自动化重复性任务到复杂的数据分析，从简化日常任务到提升决策品质和加强协作，AI 工具都能大显身手。

一、高效日常工作

（一）会议记录

我们在开会时，需要对会议内容进行记录和整理。有的人习惯于将笔记快速记录在本子上，但记录的重点并不全面。如果用笔记本电脑来打字记录则要方便很多，不过我们又无法应对与会人员随时插话的情况。会议结束后，我们需要花很长的时间复盘与回忆，才能重新捋出大家当时讨论的思路和结论。为了方便回溯讨论内容，我们可以录音，但会议语音中包含了多人的讨论和各式各样的语气词，回听的效率实在不高，如何把会议中记录的重点与语音片段对应起来也是个难题。人工智能技术的发展让会议记录变得更省时省力。

图 3-8　会议高效记录

　　现在，记录会议内容、复盘会议重点、提取重要事项等工作已经可以全部交由人工智能技术来完成。语音识别技术可以将长长的会议语音变成易读的文字，甚至可以区分出不同说话人说的内容。语稿整理功能还可以帮助我们自动去掉会议实录文字中的语气词、口误、重复内容，让会议实录变得更加清晰易懂。此外，自然语言处理技术让会议复盘也变得简洁高效。它可以对超长的会议记录文本进行总结，提取出会议的要点、待办事项、不同发言人的总结等，直接实现一键生成会议纪要。这些技术也已经实现了产品化，办公电纸本就是其中的典型代表。在会议中，我们不再需要纸笔或者电脑来人工记录内容，只需要携带比一本书还要轻薄的办公电纸本，就可以全自动实现会议录音、转写文字、语稿整理和会议纪要生成，我们只需要对会议摘要的内容进行校对与补充即可。一些产品还实现了音字同步编辑，当我们在转化好的文本中任意点击一句话，系统都会自动定位到原文的语音，方便我们有选择性地听重点内容的语音，节省时间和脑力。此外，办公电纸本保留了类似纸笔的交互，在会议中，如果想记录一些灵感或重点，我们随时都可以记在办公电纸本上，作为会议内容的补充。

（二）文件学习

面对众多的需要学习和阅读的图书与文件资料时，你是如何从头啃起的呢？如果要从这些文档中解决自己的某个问题，就得需要仔细阅读这些内容，才知道从哪里去寻找问题的答案。有时候，即使我们认真钻研每个文件，也没办法很快地回想起资料中的内容出处。如果时间紧迫，资料繁杂，我们可以借助一下大模型的能力。有了大模型的加持，每个人的学习能力都会有极大的提升，学习模式也会有很大的改变。

我们只需要上传需要阅读的图书或文件，让大模型"学习"文档内容。它阅读过之后，便可以做我们的顾问；它不会疲劳，也不会遗忘，像《红楼梦》那样长的小说，它学习起来也不在话下。我们不再需要一个人面对枯燥的文本，可以像与真人对话一样，与大模型一问一答，来获取我们想要的知识。大模型不仅能够回答我们的问题，还会提供让我们参考的原文出处，如果有需要，我们可以找到原文去阅读。

除了回答我们的问题，大模型还能生成图书或资料内容的大纲，帮我们找出各章节的重点内容，厘清图书内容的脉络与结构。如果我们有需要，可以让大模型生成全书摘要和章节内容的摘要，更快捷地了解各章节的内容。比如，通义千问的阅读助手能够生成整本书的思维导图，使我们对于图书内容有更加直观的了解。不论是我们与大模型的问答，还是它生成的章节摘要或全书导读，我们都可以一键将这些内容输出为笔记，还能在笔记中加入我们的心得体会。除此之外，我们还可以将笔记分享给他人。

大模型除了图书还可以阅读论文。星火科研助手可以阅读多篇论文，在此基础上生成文献综述，减轻了我们需要阅读多篇文献的负担。它还可以回答用户对于多篇论文的相关问题,使人们能够更轻松地实现深入阅读文献。但要注意,有时大模型回答得并不一定准确,我们可以用它作为辅助阅读的工具,但目前还不能让它代替我们进行阅读。

(三)办公写作

不同的公文具有不同的模板、风格和话术,我们要是一一记住或者找模板来写就会非常麻烦。人工智能技术对此则很擅长,它能够撰写各种具有固定格式的公文,如通知、公告、汇报、整改意见,等等。如新华妙笔推出了专门的公文写作功能,我们只要选定公文类型,输入关键信息,就可以生成对应的全文。用户可以在这个基础上自行修改,形成自己需要的公文,也可以使用这些平台的 AI 校对、AI 润色等功能,这些功能能够指出文章中的字词、语法错误,甚至是专业名词和风险内容,并且提出相应的修改建议,帮助用户得到一篇语言准确、内容充实的公文。除了上述功能,这些平台还可以提供 AI 续写服务,即根据用户现有的内容进行自动续写。在这些工具的帮助下,每一个人都能成为公文写作专家。

在日常工作中,我们常常需要写日报、周报;同事间的交流对接，则需要写邮件。这种重复的较为固定的工作内容，正是人工智能擅长的事情。我们可以设计提示词借助通用大模型帮我们遣词造句扩充内容，也可以直接利用办公电纸本设计好的功能模块，只需要填写好主题、日期，用简洁的话描述清楚我们已完成的工作和未完成的工作，大模型就可以润色出一篇合格的汇报文档。对于写邮件，我们只需要填写邮件的主题、日期与收件人，有条理地描述邮件要通知的内容，大模型就能生成一封得体的邮件，不需要我们在具体内容上多费脑筋。

（四）制作 PPT

在工作中我们有时需要向同事、上级或者合作伙伴等做报告，这时通常需要 PPT 来辅助我们展示内容。对于一些不常做 PPT 的人来说，他们不知道该如何下手做出画面精美又逻辑清晰的 PPT；而对于经常做 PPT 的人来说，这样的重复工作也难免有些乏味。

人工智能技术的进步让制作 PPT 也变得省时省力起来。通常制作 PPT 的时候，我们需要先列出内容大纲，然后整理要报告的内容，再将内容放在 PPT 模板上，最后进行美化。现在这一系列步骤都可以在人工智能技术的辅助下完成了。不管你是只有一个主题，还是有一个已经成型的文本，人工智能技术都可以帮你梳理大纲，整理出详细的内容。万知、chatPPT 等平台就支持很多种生成 PPT 的方式，你可以提供一个主题、一段文本或一个文件，甚至是一段表述自己想法的语音，它会根据你提供的信息，延伸出一个完整的 PPT 大纲。如果你选择了联网功能和 AI 配图，大模型会联网搜集更广泛的内容，将最新的信息形成 PPT 的正文，并生成与文本内容相关的配图，呈现在 PPT 中。最终，你会得到一个已经填好内容的 PPT。如果你对其中的某些内容不满意，你可以自行编辑内容，或选择 AI 美化、AI 扩写和 AI 精简，让大模型为你修改。如果你想调整某一页内容的逻辑框架，你可以选择新的模板，更换别的层级架构。此外，办公常用的 WPS 软件也增加了 AI 生成 PPT 的功能，我们可以按照自己实际的需求去选择。但是目前 AI 直接生成 PPT 的技术还不是很完善，生成过程中可能会出现一些错误，完全依赖人工智能技术生成 PPT 还需要研发人员的努力。

二、便捷审批流程

对员工个人来说，不论是减轻烦琐重复的工作量，还是提升学习效率，人工智能都可以来助力；对部门来说，人力、财务等职能部门常常面临着烦琐的审批流程，在提升流程效率这方面，人工智能依然有用武之地。

传统的不同类型的审批流程需要审批人在财务、OA、项目管理等系统中来回切换，并且需要在系统中导入、导出不同格式的数据来完成数据审批。核对和统一数据格式需要耗费审批人的大量精力，还容易出错。审批流程会涉及多个层级，每一个层级都需要进行审批，不同层级的审批人员之间可能需要沟通与信息的同步，如果沟通不及时，则会导致信息传递滞后、决策时间过长，难以做出及时的决策，影响业务的进展和企业的运作效率。

对于这些痛点，人工智能可以对应解决。对于数据的审批，票据识别技术借助光学字符识别（OCR）等技术可以将待审批的发票等纸质票据中的文字识别为可编辑的电子数据，从而实现自动识别和分类。票据识别技术不需要审批人用肉眼对票据的信息进行核对，只需要提出审批人上传票据文件，系统就能够快速完成票据的扫描和信息提取，自动将关键信息识别出来，整个过程只需要几秒钟。另外，这种技术还支持票据类型的自动分类，系统可以自行识别出增值税发票、火车票、出租车票等常见票据类型，不需要审批人手动分类，对于企业内部报销、代理记账等业务场景来说非常简便实用。

对于审批流程涉及的多个部门和冗长的流程，人工智能可以跳出传统的人工模式的局限，实现由"人脑审批"向"电脑审批"的转变。对于员工经常使用的审批流程，职能部门可以根据这些审批事项的材料、规则等关键元素构建模板，员工只需要提交审批并上传相关票据，由 RPA 机器人将数据抓取到智能审批系统中，再由智能审批系统通过 OCR 技术，读取票据中的关键信息，实现系统对于票据的自动审查，避免信息的误填。系统还可以根据员工的反馈或实际操作中常出现的问题进行操作提示，对于部分需要人工处理的内容，才需要具体职能人员来处理。有了智能审批系统的赋能，政府机关单位对于办事企业的审批时限也大大缩短，开启了"加速"模式——办事企业在网上提交材料后，系统可以根据设置好的审核关键词进行智能研判和自动审批，工作人员只需复核关键信息即可快速出证。

三、精专领域表现

除了提升通用工作内容的工作效率和简化审批流程，人工智能在精专领域也能够帮助我们,增加我们的工作产出。

(一)设计领域

人工智能技术的快速发展为设计师提供了许多强大的工具,能够帮助设计师提高工作效率,产出更多优秀的设计作品。比如,由 Adobe 公司开发的人工智能平台 Adobe Sensei,它将设计师日常工作中背景清除、对象识别等高频操作自动化,之前烦琐的背景清除只需要设计师涂抹出需要擦除的区域即可自动实现。有的人工智能平台还为设计师提供了一键生成设计稿的功能,这简化了以往复杂的创作步骤,设计师只需要对人工智能即时生成的可编辑的设计稿进行修改,就可以产出一份不错的作品。设计师还可以将自己的作品导入平台,让人工智能进行美化精修,使作品有更好的表现。

另外,在进行方案设计、产品规划和流程图绘制过程中,人工智能还可以为设计师提供海量设计素材和灵感。设计师只需要输入文字描述,限定生成素材的风格、尺寸等信息,人工智能就能批量生成一系列相关图像供设计师挑选。诚然,目前 AI 生成的图像常有不尽完美之处,可能需要设计师多次调整文字描述或进行后续的

智造者说：
大国工匠讲 AI 通识

图 3-9　使用人工智能生成的海报

优化处理，但总体而言，人工智能技术的引入极大地提高了设计师的工作效率，使创意实现过程更加流畅高效。

（二）营销领域

随着人工智能技术的发展，营销领域也面临着革命性的变革。

第一，是个性化营销策略方面的变革。在机器学习算法的加持下，人工智能可以对用户行为的大数据进行分析，从中发现消费者的偏好和未被挖掘的需求，使企业根据消费者的个体差异，定制个性化的营销方案与产品设计，推广和设计出更能够满足用户需求的产品。有了人工智能的加入，企业能够更深入地了解消费者的需求，提高品牌的影响力。算法还可以进行智能推荐和个性化推送，让用户在打开 App 或商品网站时，看到自己最需要的产品，继而省心省力地挑选需要的产品，提升购买体验。比如，Lululemon 在其网站上运用了基于人工智能的搜索功能，通过分析用户数据来预测和推荐产品，给顾客推荐更加符合其消费需求的产品。

第二，是自动化营销方面的变革。利用人工智能技术，企业可以使用智能客服系统，24 小时不间断地自动化处理和回复用户的常见问题；智能客服还具备情感识别功能，可以识别出用户文字、语音中的情感状态。当用户在表达不满、愤怒等情绪时，系统能够快速应对，给予回应或转接给人工客服，避免出现投诉或纠纷。这能够大大减轻人工客服的压力，降低人力培训成本，提高工作效率和客户满意度。智能客服系统在不同行业中的应用非常广泛，涵盖了电商、金融保险、零售业等多个领域。比如，在电商平台智能客服系统可以帮助用户查询产品信息、处理订单问题、提供售后支持。

另外，数字人的出现，也让商家和顾客的互动变得更加人性化。在直播带货领域，相较于真人主播，数字人的运营成本更低，并且可以根据不同的品牌需求，定制形象、声音和风格，使其更加符合品牌形象和市场定位。数字人可以实现 24 小时不间断的直播，能够实时响应观众的各种问题和评论，为顾客提供沉浸式和个性化兼具的购物体验。除了做直播，数字人还可以在其他方面大展身手。在 2022 年北京冬奥会期间，央视新闻推出了 AI 手语主播，为听障人士提供了实时的手语翻译，也展示了数字人在特殊领域的应用价值。

图 3-10　各种形象的数字人

最后，文案创作方面也经历了变革。现在的大模型可以生成与人类写作风格类似的文章和广告文案，图像生成模型则能够根据文本提示，生成高质量的图像和艺术作品。二者相结合，就可以快速生成大量优质的营销内容。营销人员不一定要自己动笔写宣传内容，而是可以让大模型在了解品牌的营销策略与目标受众的特点后，生成符合要求的吸引人的广告文案、社交媒体的帖子与营销邮件等内容，或者在大模型生成内容的基础上稍加润色和修改。

（三）计算机领域

人工智能技术在计算机领域，尤其是在智能编程方面，已经展现出显著的潜力和优势。人工智能可以在生成代码、识别代码错误、优化代码方面减少重复劳动,提升人们的工作效率。

人工智能工具如 GitHub Copilot、Cursor、字节 Trae 等,能够根据程序员的注释和上下文信息自动生成代码片段。这些工具通过自然语言处理和机器学习技术,分析程序员编写的代码和注释,从而提供实时的代码提示和补全功能,还可以帮助程序员起变量名,显著提高编码效率。比如 GitHub Copilot,不论是在文档字符串、注释、函数名还是代码主体中,都能够根据程序员写好的内容生成匹配的代码;而 Cursor 支持代码重构和优化功能,它能够自动调整代码结构,提升代码的可读性和性能。对于我们熟悉的代码语言,人工智能工具可以帮助我们少写一些重复模板代码;对于我们不熟悉的代码语言,它可以推断我们的意图,直接生成代码,减少我们查询的时间。

除了帮助程序员写代码,人工智能工具还能检测代码质量,审查写好的代码,识别可能存在的错误,提出修改建议,帮助开发者发现并修复潜在的漏洞,保证代码质量。比如,Cursor 具备强大的调试功能,它能够通过智能分析代码逻辑,帮助开发者快速定位问题并优化代码，简化了在大型项目中调试代码所需的时间。而字节 Trae 则集成了豆包、DeepSeek 等多种主流 AI 模型，并在页面侧边放置了对话框，用户可以在对话模式中指定某个大模型回答自己的问题，或是修改代码。

（四）优化管理决策

人工智能技术的引入，为企业管理决策带来了更加高效、智能的解决方案。首先，现代企业面临着大量复杂的数据，传统的数据处理方法已经无法满足如今的需求。人工智能技术可以更有效地利用这些数据，通过深度挖掘和分析数据，揭示数据背后的规律和趋势，为企业的决策提供更加科学、合理的依据。常见的方案是人工智能（AI）与商业智能（BI）相结合，通过机器学习、深度学习等技术对数据进行分析，利用商业智能的数据可视化、报表生成等功能，实现实时监测业务流程，发现潜在问题并提出改进建议，如同一个智慧的大脑，为企业提供更加精准、全面的决策支持。

以京东为例，京东物流在仓储和分拣环节引入先进的自动化解决方案，融合算法技术与日常运营流程，实现了对仓库内部商品结构布局的优化调整。这一创新举措显著提高了仓库的空间利用率和拣选作业的效率，从而增强了整体的物流运营效能。另外，京东基于图像等多模态数据训练出的物流大模型，可以精准识别作业需求并迅速处理各种异常，这大幅减少了业务成本，提高了整体的物流运营效率。

以滴滴为例，乘车人通常不用等待太久，就能在滴滴平台上叫到离自己不算远的车。而滴滴实现这样顺畅的使用体验却并不是那么简单，这涉及车辆调度和司乘匹配等环节。如何将离顾客不是很远的车与之进行匹配，堵车时如何为司机安排最便捷的路线……滴滴的日完成订单超过 2000 万单，这意味着计算平台需要对这些复杂的问题进行海量的计算与安排。对此，滴滴对海量的行驶数据进行学习，设计出了全新的智能路径规划算法，以实现最优的价格、最高的司机行驶效率与最佳的交通系统运行效率。在这套算法的加持下，滴滴每两秒就可以进行一次全局判断，完成全局最优的智能派单，让司机一天的效率最高，也能收益最多。

第三节　赋能智能制造，人工智能很给力

AI 技术的不断发展和创新，也为制造业带来了更多的可能性。越来越多的制造企业认识到 AI 在智能制造中的重要性，纷纷加大投入和应用。目前一些大型制造企业如富士康、通用电气等已经在智能工厂建设、设备预测性维护、生产过程优化等方面取得了显著成效。而中小企业也在积极探索适合自身的 AI 应用场景，通过引入智能质检系统、优化生产计划等方式来提高质量和生产效率。AI 在制造业的应用很多，但在数据质量及流通、技术应用深度、人才培养以及商业模式上还有很多地方值得进一步探索和发展。在本节中，我们将详细讲解智能制造的发展和各种应用。

一、缘起：工业 1.0 到工业 4.0

到目前为止人类共经历了四次工业革命，每一次工业革命都极大地推动了社会的进步和科技的发展。第一次工业革命开始于 18 世纪 60 年代，也称为蒸汽技术革命，它以纺织机的改革为起点，以蒸汽机的发明和使用为标志，使生产效率有了极大提升，推动了

城市化进程和社会结构的变革。第二次工业革命从19世纪下半叶开始,又称为电力技术革命,科学开始成为所有大工业生产的一个组成部分,出现了发电机、电话、电灯和汽车等重大发明,极大地推动了社会生产力的发展。20世纪四五十年代,第三次工业革命来临,计算机、信息技术等进一步提高了自动化水平,生产效率和质量大幅提升,计算机和互联网的普及建立了现代社会的信息基础。而今天,人工智能技术、大数据、物联网的发展,让生产实现了智能化、数智化,也让我们迎来了第四次工业革命。每一次工业革命都是技术跃进与社会价值演变的重要标志,它们不仅改变了生产方式,还深刻影响了经济结构、生活方式乃至人类对自身能力的认知。

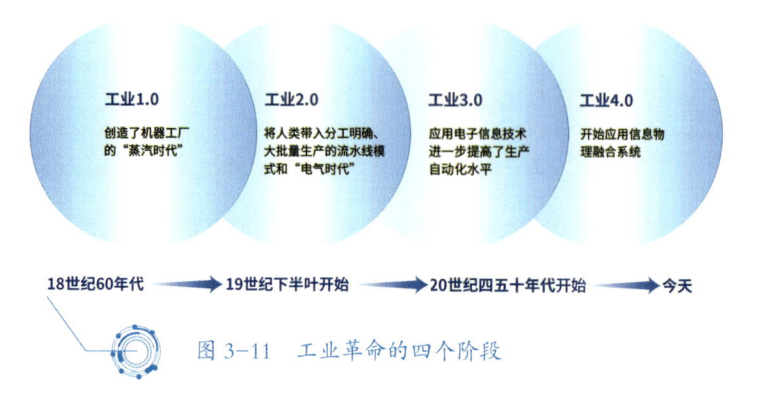

工业1.0	工业2.0	工业3.0	工业4.0
创造了机器工厂的"蒸汽时代"	将人类带入分工明确、大批量生产的流水线模式和"电气时代"	应用电子信息技术进一步提高了生产自动化水平	开始应用信息物理融合系统
18世纪60年代	19世纪下半叶开始	20世纪四五十年代开始	今天

图3-11 工业革命的四个阶段

前三次工业革命的传播范围从英国逐渐扩大到欧美其他国家，其他国家则可能在不同的时间点经历着工业革命的不同阶段，也看到了工业化对于国家经济实力提升所带来的实在帮助。第四次工业革命已经是一个全球性现象，引起了各国的高度重视，从世界工业强国的制造业发展战略就可以看出，各国均指向"智能制造"：美国提出了"先进制造业国家战略计划"，德国提出了"工业 4.0 战略"，日本提出了"工业价值链计划"，而中国在 2015 年也提出了"中国制造 2025"的战略部署。习近平总书记在 2017 年党的十九大报告中指出，加快建设制造强国，加快发展先进制造业。2022 年党的二十大报告中又强调，制造业高质量发展是我国经济高质量发展的重中之重。

二、发展：人工智能 + 智能制造

智能制造顾名思义是将"智能"与"制造"相结合，是将信息技术、自动化技术和智能技术应用到制造过程的各个环节，如经营决策、采购、产品设计、生产计划、制造、装配、质量保证、供应链和售后服务等。智能制造通过智能技术取代部分人类专家在制造过程中的脑力劳动，是一种具有自感知、自分析、自决策、自执行的新型制造模式，它能通过技术提高生产效率，降低成本，提升产品质量，并能够快速适应市场变化。智能制造是工业 4.0 的核心组成部分，它代表了制造业的未来发展方向，旨在通过技术创新实现更高效、更灵活、更环保的生产方式。

人工智能在智能制造中又是如何发挥重要作用的呢？让我们来看看人工智能如何赋能工业制造中的各个生产过程。

（一）人工智能 + 研发设计

人工智能可以优化传统工业制造中的研发设计环节，也就是智能研发设计。智能研发设计通过智能化技术快速生成产品设计方案，或通过设计自动优化、模拟仿真来改进产品的可靠性和稳定性等性能。

过去，传统的设计方式一般是首先进行图样设计，然后进行样机制造，接着测试改进，最后定型生产，整个设计过程费时费力而且成本比较高。而智能研发设计可以通过虚拟样机的方式在计算机上设计，并进行仿真实验分析，工程师只需对不满足需求的地方反复修改设计，直到图样的设计达到目标后再进行生产。这种新的研发模式不仅让研发成本变得更低，缩短了研发周期，还提升了产品质量。这能让制造者更好地响应市场变化，提高竞争力。

智能研发设计的案例随处可见。例如，波音公司在飞机制造方面就广泛应用了数字化设计和仿真技术，他们在新机型的研发阶段，建立精确的数字模型，进行虚拟装配和性能测试，提前发现潜在问题，减少了实际生产中的修改和返工，提高了设计的效率和质量。

（二）人工智能 + 生产加工

人工智能技术可以帮助制造企业实现生产过程的自动化控制和优化，这在很多行业都有应用。以汽车制造业为例，智能生产加工就用到了不同的人工智能技术。

1. 无人上下料

人工智能通过自动套料平台、自动巡边实现材料快速定位、切割，切割后的材料可自动分拣，分拣机器人根据套料图进行零件定位和抓取、合框，整个过程无须工人的参与。

2. 自动配盘

该技术是利用视觉技术实现零件信息识别，结合制造执行系统（Manufacturing Operations Management，MOM）工序信息，实现多种零件按工序自动配盘，便于后续工序使用这些零件。

3. 自动组对焊接

这个技术利用机器人自动抓取物料，自动精准定位，实现零件的自动装夹定位，并与焊接机器人协作，实现结构件上下料、组对、焊接的全过程自动化。

4. 全自动机加

机加是指通过机床设备对材料进行加工的工艺，这项技术通过优化刀具切削参数自动去毛刺、自动检测、自动断屑，解决全自动化加工过程中毛刺残留、铁屑缠绕和人工检测问题。

5. 机器人喷涂

该技术使用机器人控制喷涂设备运动轨迹，替代了传统的人工喷涂技术，提高了喷涂效率，降低了工人劳动强度。检测环节也不需要工人的参与，使用视觉技术就可以检测表面的喷涂效果。

6. 自动化物流

自动化物流是利用自动化立库的高效存储和管理，实现货物快速出入库，并根据实际需要进行智能化的路径规划和任务分配，通过自动导向搬运车（Automated Guided Vehicle，AGV）实现自主导航寻位、避障，多任务并发执行配送任务。

这些人工智能技术的引入大大提高了生产制造的自动化水平和效率。

（三）人工智能+检测

机器视觉技术可以实现自动化检测和识别，检测出产品表面的缺陷，筛选质量有问题的产品。视觉检测可以解决传统质检中人工成本高且工人无法长时间连续作业、质检不稳定等痛点，帮助企业提高生产效率和质量控制水平，降低生产成本。

那么视觉检测系统是如何实现自动化检测和识别的呢？首先，视觉检测系统离不开相机，这个高分辨率的相机通常安装在传送带上方或者某些固定位置，便于自动化生产线上的零件能够连续不断地通过，保证视觉检测系统能够捕捉到所生产的产品图像。其次，视觉检测系统使用深度学习等算法对捕获的图像进行分析，包括识别出部件的形状、尺寸和其他特征，然后将其与预先设定的标准规范进行比较。如果部件的尺寸或其他外观特征不符合标准，视觉检测系统会立即发出警报，通过机械臂或者其他装置将问题部件从生产线上移除。这样，有问题的部件最终就不会被组装到产品中，从而确保了产品的质量。

此外,视觉检测系统可以将检测结果记录在数据库中,便于企业进行数据分析并改进生产过程。如果发现某个部件的故障率较高,企业可以对生产线的某些环节进行调整,以提高产品质量。理想汽车常州工厂就是通过连山数据监控平台系统的加持,实现连续不停歇地对每台车的每个工艺细节进行实时的"在线 CT"。比如,将车身与底盘组装的合车环节,这一环节需要用不同的力矩拧紧大量的螺栓,工厂通过连山数据监控平台系统对螺栓拧紧的全过程进行检测,并利用人工智能技术将实际的扭力变化曲线与正常的扭力变化曲线进行对比,对整个安装过程出现的任何问题进行精准高效定位,从而大大提高了排障效率。

除了汽车制造业,视觉检测系统在其他制造业中也大有可为。富士康在智能光伏控制器产线打造了人工智能质检示范产线,通过人工智能算法检测智能光伏控制器涂刷硅脂颜色是否正确,硅脂是否少涂、漏涂,以及铭牌是否漏贴、倒贴和错贴,产线月检测 6000 多台,总体准确率超过 99%,实现了智能化检测,明显提高了效率和质量。

（四）人工智能 + 预测

在现代工业制造领域，智能预测可以通过人工智能和大数据分析技术来预测未来可能发生的情况。这项技术能够帮助企业在多个关键环节做出更明智的决策。

1. 市场趋势与需求预测

需求预测通过分析历史销售数据、市场趋势、季节性因素等信息，预测未来的产品需求。零售商可以通过分析过去的销售数据和市场趋势来预测未来的销售额，从而更好地调整库存和生产计划，以免库存过剩或短缺。

2. 供应链效率与优化

供应链优化通过分析供应链中的各个环节，预测可能出现的瓶颈和问题，使企业能够提前采取措施，确保供应链的顺畅。制造商可以根据供应商的生产能力和交货时间来预测原材料的供应情况，从而合理安排生产计划。

3. 设备性能与维护预测

设备性能预测是通过构建设备性能基准模型，结合实时运行数据和历史数据，预测设备未来的性能表现，随时优化设备运行参数，确保设备在最佳状态下运行。同时，基于对设备运行状态的持续监控，也预测其可能出现的故障和维护需求，从而提前安排维护，减少非计划停机时间。人工智能的应用，帮助企业实现了从被动维护到主动预测的转变，显著提高了设备的运行效率，降低了维护成本，延长了设备寿命，提升了整体生产效益。

4. 产品质量控制

产品质量控制通过分析生产过程中的各种参数，预测产品质量可能出现的问题，从而及时进行调整。生产线上的摄像头和传感器可以实时监测产品生产过程中的每个步骤和质量参数，并通过AI算法预测出产品质量的变化趋势和问题原因，从而及时调整生产过程。

智能预测技术可以帮助企业更准确地预测产品的需求量、生产设备的产能和故障发生率、原材料的价格波动等，使企业自动调整生产计划，提高生产的效率和质量，降低成本。

（五）人工智能和数字孪生新融合

数字孪生是将物理世界的数据信息映射到数字世界中，通过数字数据的模拟和分析洞见，将决策反馈干预物理世界，实现优化物理世界的目的。数字孪生通过不断地循环往复，实现了物理世界和数字世界的互联。近些年，传感技术、云计算、大数据技术、人工智能技术的快速发展，为数字孪生在各个行业的落地奠定了坚实的基础。

在制造业中，数字孪生为制造商提供了一种新的方法来设计、测试和生产产品，可以帮助制造商优化零部件设计、改进性能，以及提前发现潜在问题。通过将实际的工厂和设备建模为数字孪生，制造商可以在模拟环境中进行各种测试，如产品验证、生产流程优化等。数字孪生还可以用来监测和分析生产设备的状态和性能，以实现更好地预测性维护和更高的生产效率。数字孪生技术通过对物流网络进行建模和优化，实现了物流运输的智能化调度和路线规划，提高了物流效率，可以说数字孪生改变了传统的生产运营模式。

坐落于青岛中德工业园的海尔中德冰箱互联工厂就是通过AI+5G的技术组合，实现了全流程信息自动感知、全要素事件自动决策、全周期场景自动更新迭代，实现了生产模式、生产技术以及组织模式的升级。其中，冰箱制造核心工艺——超薄真空节能发泡是基于卡奥斯COSMOPlat平台所研发的发泡设备数字孪生模型，通过实时采集发泡200多项工艺、环境等参数，实现发泡环境压力动态控制，使泡孔更小更均匀，提升保温性能。数字孪生模型还节省了材料用量，解决了行业溢料等难题，最终实现了生产效率提升50%，产品节能提升12%，使海尔冰箱在全球成为低碳环保方面的引领者。

人工智能在智能制造中的应用已经非常广泛，但是也并不意味着它没有局限和挑战。在智能制造中，AI技术需要处理海量的实时数据，这些数据具有多源性、异构性和动态性等特点，给数据处理带来了极大的挑战。在有些场景中，如缺陷检测还面临着训练数据不均衡、长尾数据类型较多的特点，不利于深度学习的模型训练。此外，虽然AI技术能够实现高度自动化和智能化，但在某些情况下仍然需要人工干预和决策。因此，如何实现人机协同、充分发挥AI技术和人类智慧的优势，是AI在智能制造中需要探索的重要方向。

三、延伸：智能工厂

人工智能赋能制造业生产过程中的不同环节，替代传统生产模式，最终也打造出智能化的工厂，实现了人与机器的协作。智能工厂是制造业转型升级的必经之路，也是在竞争日益激烈的市场环境中保持竞争力的重要手段。

图 3-12　智能工厂架构

真正的智能工厂能够整合全系统内的物理资产、运营资产和人力资产，推动制造、维护、库存跟踪，通过数字孪生实现运营数字化以及整个制造网络中其他类型的活动。结果是系统效率更高也更为敏捷，生产停工时间更少，对工厂或整个网络中的变化进行预测和调整适应的能力更强，市场竞争力进一步提升。

智能工厂代表了从传统自动化向完全互联和柔性系统的飞跃。

柔性系统通过灵活、可调整的生产系统，实现对多样化产品的快速响应和高效生产，可以让智能制造系统从互联的运营和生产系统中源源不断地获取数据，从而了解并适应新的需求。可以说智能工厂体现了智能制造的本质，那就是通过数据和人工智能算法解决制造体系流程中的不确定性，优化制造资源，实现资源配置、生产流程、产品的高度智能化；用智能模型赋能制造，用制造数据反馈提升智能水平。

介绍了智能工厂概念之后，我们可以结合"灯塔工厂"的案例来具体了解现实中的智能工厂。"灯塔工厂"是由达沃斯世界经济论坛与管理咨询公司麦肯锡合作开展遴选出来的优秀工厂，被誉为"世界上最先进的工厂"，是具有榜样作用的数字化制造和全球化4.0示范者，代表当今全球制造业领域智能制造和数字化最高水平。

截至 2024 年 10 月，全球"灯塔工厂"共有 172 家，其中仅中国就有 74 家，占据了近半数份额，覆盖了家电制造、电子设备、汽车制造等领域，目前近 60% 的核心应用采用了先进的人工智能技术，标志着中国制造业正加速向智能化、绿色化、服务化方向转型升级。

1. 宁德时代

宁德时代的"灯塔工厂"是全球锂电行业中的标杆，代表了智能制造和极限制造的最高水平。为了应对需求的急剧增长和劳动力成本的上升，同时兑现碳中和的承诺，宁德时代在其溧阳江苏时代工厂实施了一系列创新策略。

在智能检测方面，工厂利用大数据技术进行质量检测的模拟，精准预测设备故障，避免非计划宕机，停机率同比下降30%，有效提升设备可用性，保障产品质量高度一致性。此外，工厂深度融合高精度CCD相机和计算机视觉检测技术对12个核心工序全面进行微米级别的质量检测，代替人工目测快速识别并标记出有缺陷的部分，将行业产品缺陷率标准从"百万分之一"提升至"十亿分之一"。另外，溧阳江苏时代工厂还落地26个视频流＋智能化技术实时检测场景，全天候、全方位、全过程地洞察违规事件和安全隐患，实现工厂生产安全事故的实时预防。在智能生产方面，工厂采用数字仿真和3D打印技术缩短生产线转换周期，预计年度释放额外产能达4.0吉瓦每小时。此外，工厂还通过深度学习技术来优化生产流程和能源使用效率，在2023年实现了单位产能温室气体排放强度同比下降 50% 的成果。

2. 海尔集团

早在 2008 年全球"灯塔工厂"评选中,青岛海尔中央空调互联工厂就作为首批企业入选全球"灯塔工厂",也是唯一一家入选的中国本土企业。自此开始,海尔不断复制,到 2024 年底已累计打造了 10 座"灯塔工厂",构建起全球独一无二的行业"灯塔集群"。海尔也成了全球拥有"灯塔工厂"数量最多的中国企业。

位于合肥的海尔空调制造基地在研发家用中央空调系统的过程中,采用了包括数字孪生技术和知识图谱在内的多项前沿技术。这些技术的运用使能效比和劳动生产率都有不同程度的提升,大幅降低了产品缺陷率,也降低了单位产品的制造成本。

青岛海尔冰箱工厂则运用五位一体智能生产 +5G 全流程制造、智能物流体系、AI+5G 质检等核心技术,让工厂生产效率提升了 2 倍,大规模定制下的柔性生产,也令产品做到 85% 以上不入库。通过建立空调系统的制冷性能预测模型,采用智能算法自动优化制冷设计参数,工厂样机评估验证效率大幅提升,产品开发周期则缩短了一半。针对海外订单的复杂性和航运周期的不稳定性等问题,工厂运用预测算法实现了产线能力的精准预测和自适应动态调度,降低了海外订单平均交付周期,并显著减少了日换产次数。

3. 三一集团

三一集团同样也拥有多个"灯塔工厂",如三一重工北京桩机工厂和长沙 18 号工厂。这些工厂通过集成和综合运用智能化、数字化、自动化等新技术,推动了制造业的全方位变革,成为全球重工行业智能制造的标杆。其中北京桩机工厂是全球重工行业首家获得"灯塔工厂"认证的工厂。

面对重工业市场的周期性波动、多品种小批量生产需求(近 300 个不同品类)以及重型部件制造的挑战,长沙 18 号工厂通过采用柔性自动化生产线、人工智能技术以及大规模的工业物联网(Industrial Internet of Things, IIoT),构建了一个数字化且具有柔性的重型设备制造体系。工厂遍布 1500 多个传感器,200 台全联网机器人。钢板切割和分拣完全由 3D 视觉 AI 机器人来做,精度提升 1 毫米的同时周期缩短 60%;泵车转台实现了无夹具抓取和自动组对焊接;端到端的物流系统实现了 10 万多种不同类型零件的自动搬运和上下料,准时交货率高达 99.2%,这些举措使长沙 18 号工厂的生产能力提升了 123%，人员生产效率增加了 98%，整体自动化率提升至 76%，同时单位制造成本也降低了 29%。

2024 年 10 月，三一集团再添一座"灯塔工厂"，这也是全球首座风电行业的"灯塔工厂"。三一重能韶山叶片工厂采用机器人配合激光引导技术，实现叶片表面自动打磨、大面积自动喷漆、物料按需自动出库配送等诸多工序的无人化，在降低员工劳动强度的同时，将生产效率与质量管控提高到前所未有的高度。三一集团在行业首创"数字元平台"，在实体工厂之外打造了一个"一比一"的线上数字工厂，让工厂拥有了一个"智慧大脑"，从源头保障了叶片全生命周期的安全可靠。工厂管理者通过一台平板电脑即可实时监控工厂所有运行情况，从温度、湿度到螺栓力矩控制、叶片打磨平整系数等方面，各项影响产品质量的关键指标实时更新滚动，实现对生产全流程的在线监控和精益化管理。通过数字化技术，产品缺陷减少了 20%，交付时间缩短了 30% 以上。

四、展望：智能制造，通往何方

随着科技的不断发展，人工智能等技术在制造业的广泛应用，制造业生产效率有所提升，产品质量有所提高。在未来，智能制造将会向着高度智能化、全球互联、绿色环保、人机协同的方向继续前进。

1. 高度智能化

随着人工智能技术的不断进步和创新，智能工厂正迈向一个全新的智能化水平，这将使得生产过程更加自动化、灵活和高效。通过先进的算法和数据分析，智能工厂能够实现自主决策，优化生产流程，从而提高生产效率和产品质量。

2. 全球互联

借助物联网和 5G 通信技术的突破性进展，智能工厂将能够实现全球范围内的无缝互联。这种互联互通将极大地提升生产流程的效率，优化资源配置，实现生产要素的最优利用。通过实时数据的交换和分析，智能工厂能够更加精准地响应市场变化，快速调整生产策略，从而在全球竞争中占据优势，推动整个制造业向更高效、更可持续的方向发展。

3. 绿色环保

在未来，智能工厂将致力于实现环保和可持续发展的目标。通过应用人工智能技术，工厂将能够进行精细化的资源配置进行优化，有效降低能源消耗、减少废物排放。这不仅有助于减少对环境的污染，还能实现绿色生产，提高生产过程的可持续性。智能工厂将采用先进的数据分析和预测模型，以实现能源使用的最优化，推动工业生产向更加清洁、高效和环境友好的方向转型。

4. 人机协同

在未来，人工智能技术与人类的协作将更加紧密且高效。这个过程将充分发挥人工智能的高效计算能力和人类的创造力与灵活性。人工智能将为人类提供强大的支持，帮助他们更好地完成各种任务，提高工作效率和质量。同时，人类的经验和判断也将为人工智能提供宝贵的反馈，帮助其不断优化和改进。这种人机协同的工作模式，将极大地推动智能工厂的发展，实现更高效、更环保、更可持续的生产方式。

在人工智能技术的加持下，智能制造让工厂变得更加高效、更加环保，并且能够更好地满足我们的需求。

第四节 保障生产安全，人工智能来护航

生产制造企业除了要高效率生产出高质量的产品外，还要保证生产中各环节要素的安全，这是每个企业责任的重中之重。

国务院安全生产委员会2024年1月发布的《安全生产治本攻坚三年行动方案（2024—2026年）》中提到："要求开展安全科技支撑和工程治理行动，加快推动安全生产监管模式向事前预防数字化转型，结合人工智能、大数据、物联网等技术，持续加大危化品重大危险源、矿山、尾矿库、建设施工、交通运输、水利、能源、消防、工贸钢铁、铝加工（深井铸造）、粉尘涉爆、烟花爆竹、油气储存、石油天然气开采等行业领域安全风险监测预警系统建设应用和升级改造力度。"在国家的大力推动下，数智技术赋能企业安全生产势在必行，也大有可为。

一、生产环境

企业利用人工智能技术实时监控生产环境中的各种安全状况，通过分析传感器数据和视频监控，及时发现和预警安全隐患，减少

事故发生。

（一）园区安防

在园区管理与运营中，人脸检测与抓拍、人脸识别、人流量统计、车牌识别、行人入侵检测等技术实现了园区门禁、访客管理、车辆道闸及园区周界安全等安防自动化，这不仅提升了园区的智能化管理水平，同时提高了运营效率。企业利用多种算法在不同环节的应用来打造智慧园区，推动园区管理向更加精细化、智能化的方向发展。

园区智能安防目前应用得十分广泛。该平台集生物识别技术、NFC射频技术、大数据技术、计算机网络技术、自动控制技术于一体，通过一张"人脸卡"及关联信息实现多种不同功能的智能管理和应用，打造了从云端到终端的一体化应用平台，实现了智慧园区的综合管理应用。该系统广泛应用于办公大楼，可实现某一管理区域的访客、人员通道的集中管理，并提供对各种物联网应用的接入和应用扩展，充分满足综合应用，实现管理一体化。

图 3-13　园区安防

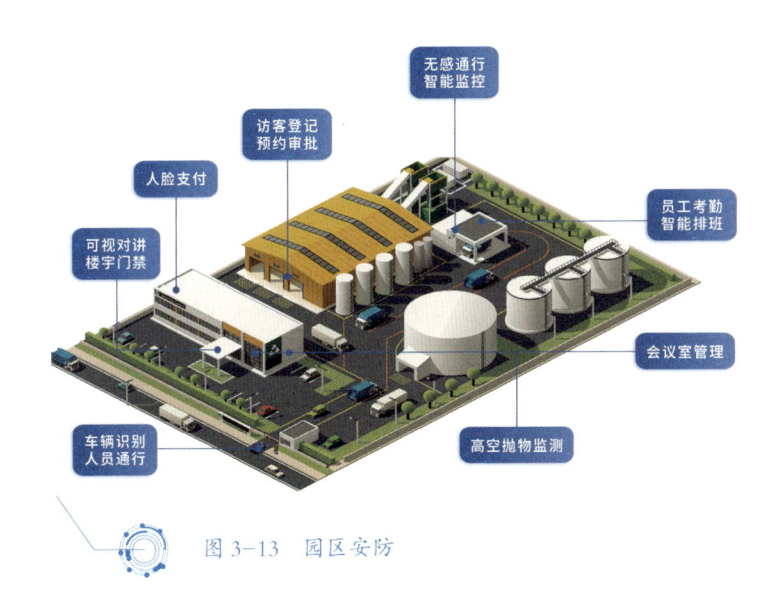

（二）重点区域监控

人工智能利用摄像头、传感器等设备，可以实现对车间、仓库、施工工地等特定区域 7×24 小时无人全程实时监控，自动识别不安全行为和环境异常情况，如可疑人员徘徊、危险品遗留、烟雾火焰、未佩戴安全帽、脱岗离岗、越界进入等，并通过声光报警器、短信、电话等方式及时提醒相关人员。除可利用现场常规监控摄像头外，园区还可采用巡检机器人等设备，通过移动的方式对普通摄像头无法覆盖的区域进行无死角监测。

入侵检测技术可以自动监测周界监控区域，一旦检测到有可疑人员靠近或攀越围墙时，将立即抓拍、触发报警，并推送消息至管理人员，该技术还可对接调用实际场景中声光报警装置，对可疑人员发出警告。实时检测与识别烟火的 AI 设备一旦检测到烟雾、火焰，便立即触发告警，联动消防装置进行喷淋灭火等操作，杜绝因火患引起的生产安全事故，保障工厂的财产及人员生命安全。综合应用这些技术的典型案例是智能视频分析平台，它可以将前端监控设备的视频中非结构化数据转化为结构化数据，针对工程车辆、人员蓄意破坏、偷盗公共设备等行为进行智能化预警。

（三）厂区 6S 管理

许多工厂都执行 6S 管理，6S 管理指在生产现场中将人、机、料、法等要素进行有效管理，从而达到提高整体工作质量的目的。6S 分别是整理（Seiri）、整顿（Sitone）、清扫（Seiso）、清洁（Seiketsu）、素养（Shitsuke）、安全（Security），因均以"S"开头简称 6S。该方法起源于日本的 5S 管理，在 5S 管理的基础上后来又增加了 1 个 S（Security，安全）。

地面整洁，物料零件摆放整齐，不仅能提高工作效率，还能保证生产安全。通过视觉技术对乱扔乱放、占用消防通道、消防物品遗失等现象进行检测，及时提醒工人环境的问题，不仅有利于提振工人工作的精神状态，还能减少生产安全事故和意外的发生。

（四）环境监测

关注工作环境卫生，确保员工在一个健康、安全的环境中工作，减少职业病的发生，也是工厂HSE［健康（Health）、安全（Safety）和环境（Environment）］安全管理中的一个重要因素。我们可以通过图像识别技术与传感器技术对园区环境进行全面、实时的监测，这些监测包括有害气体泄漏、粉尘浓度、水质、噪声污染等，能够迅速识别环境异常并触发预警机制。

AI在生产环境监测中的应用不仅提高了生产安全性和运营效率，还降低了生产成本和能耗，并减少了资源浪费和环境污染。AI的应用在制造业转型升级中发挥着巨大且重要的作用。

二、生产过程

视频监控还可以和人工智能技术相结合，对生产现场进行智能化监管，包括人员行为规范、设备状态监测等，提高生产过程中的安全性。

（一）人身安全

在一些特定岗位或特殊环境中工作的工人需要在工作开始前做好安全防护，如戴安全帽、穿反光衣等。相机视觉检测技术可进行高空安全带、工服检测，如火力发电厂的日常运维会通过AI技术对工人护具穿戴情况、动作危险性以及防护设施的安全性进行检测，确保安全措施到位。在智慧工地项目中，AI技术对安全帽未戴、工服未穿等场景进行检测和布控，保障工人施工安全。除此之外，AI技术还可以集成到个人防护装备中，如智能头盔或智能工作服，实时监测工作中工人的生理状态和周围环境，利用相关算法分析可能的异常情况，提供必要的安全提示和紧急响应。

（二）设备安全

工厂生产设备除了进行人工日常点检和定期维护，还可以利用人工智能技术来实现设备的预测性维护。AI算法能够提前发现潜在故障并采取措施进行修复，从而减少停机时间和维护成本。AI算法还能够分析设备IOT数据，如生产设备运行数据异常、震动频率、温度异常等，预测潜在的故障和停机时间，从而在问题发生之前进行维护，减少生产中断。另外，图像识别技术可以检测生产线上的关键零件是否缺失或损坏，从而提前发现潜在问题，确保产品质量。

（三）操作过程安全

工厂在工作区域内或关键工位部署视觉行为识别算法，实时监测和识别工人的操作行为，并根据预设的标准操作流程判断是否规范和合规，当有人员未按照规范操作流程作业时，系统将发出告警，提示及时纠正作业流程，减少安全隐患的产生。比如，加油站明确禁止在加油区吸烟和打电话等行为，加油站可以通过视觉检测技术进行吸烟、打电话、未穿工服、烟雾火焰以及违禁区域入侵检测，利用 AI 算法识别违规行为，尽可能杜绝事故发生。加油站在卸油区按照工作规范要求，通过 AI 算法实现车辆检测、轮挡放置、除静电、灭火器放置、油品接卸、卸后确认等检测，实时提醒操作人员规范操作，保障区域内的全流程安全作业。

（四）工位作业区安全

人工智能在机器作业区的安全应用涵盖了从物理安全到网络安全的多个方面。通过图像识别、自动预警、安全围栏、网络安全防护以及协同机器人控制等多种技术手段，人工智能可以显著提高作业区域的安全管理水平，降低事故发生率，保障工人和设备的安全。

工厂可以在危险机器人作业区或危险设备周围，如机器人作业区、大型生产机械等危险区域，设置运行警戒区，通过相机实时检测是否有人员越界。有人员闯入时，自动触发报警，并可联动现场语音设备提醒闯入人员离开，避免造成人员伤亡。在工业车辆等大型工程设备上，AI安全监控实时监测工作区域的危险状态并警示驾驶员与仓库人员。此外，建筑工地上的塔吊机在作业前采用人脸识别核验，只有具备相应特种作业操作证的司机才能操作设备，否则不允许设备启动。

党的二十大报告明确提出，"推进安全生产风险专项整治，加强重点行业、重点领域安全监管"。人工智能等现代科技手段能够保障生产安全和劳动者生命健康，构建更加有效的预防及监管体系，推动安全生产治理模式向事前预防转型。人工智能技术通过智能监控与预警、图像识别与视频分析、数据分析与预测性维护等多种方式，全面提升了生产过程中的安全保障能力。这些技术的应用不仅减少了人力检查的成本，还显著降低了事故发生率，提高了企业的综合竞争力。生产安全防范很重要，更重要的是提高工作人员的安全意识。

第五节　人工智能让生活更美好

随着人工智能的快速发展，生活中涌现出一大批先进的智能生活产品，如智能终端、智能家电、智能服务机器人、智能玩具等，为人们更便捷的生活服务。

一、便捷生活

（一）移动智能应用

说到移动智能应用，我们用到最多的就是手机了，从大哥大、小灵通、彩屏手机到现在的大屏智能手机，技术的发展让我们通过小小的手机就能实现便捷生活。指纹开机、人脸解锁、语音输入、美颜相机……手机上安装的各种软件结合各种 AI 技术让我们的生活更加便捷。

女孩子们喜欢的美颜相机，就是利用了人脸识别相关技术。美颜相机对人的五官、轮廓等特征进行识别和标记，再通过图像处理等技术实现美白、磨皮、瘦脸、大眼、祛斑等功能。

当小朋友们邂逅未曾谋面的花草或小昆虫时，可以用一些 App

或小程序进行拍照，App 或小程序就会显示这些生物的名称和详细信息，以及一些样貌相似的物种。这些功能运用了图像识别技术以及检索推荐算法。

我们拍照在电商平台上搜同款商品时，首先 App 后台用图像识别技术识别出我们拍的东西，再通过搜索算法对海量的商品进行搜索，最终返给我们类似的商品。除了拍照搜商品，我们还可以直接通过语音命令 App 来"找"商品。打开这些购物软件，我们会发现首页有一些正好是自己感兴趣的商品，这就是推荐算法起的作用，它根据我们近期搜索的行为习惯，推荐我们想要的东西。

当我们在国外旅游时，可以用翻译 App 或翻译笔来帮助我们与外国人交流。这些设备先用语音识别技术识别出说话人说的内容，然后通过机器翻译算法，将我们听不懂的外语转换成我们所熟悉的中文。除了口语交流，如果我们遇到看不懂的菜单、路标、海报等，也可以通过拍照进行识别。这得益于 OCR 技术与机器翻译算法的巧妙结合，它们协同工作，将图像中的外文精准捕捉并转化为可理解的信息。

（二）智能家居

智能家居生态系统可以通过物联网技术将各种设备连接起来，实现远程控制、自动化管理及个性化设置，从而提升居住的便利性、舒适性和安全性。智能家居包括多个方面，涵盖了多种设备和系统，如智能照明、智能安防、智能家电、智能温控、智能健康设备等。

越来越多的家庭喜欢购买智能家电，通过手机来远程控制家中的电器。人还未到家就可以提前对手机说："小爱同学，请帮我打开一下空调，26摄氏度。"或者在做家务的时候对着智能音箱说："小度小度，请帮我放一首周深的《小美满》。"这些都是通过语音识别和物联网设备来唤醒和控制各种家电设备，让它们执行我们的各种要求。

最受家庭主妇们喜爱的当属扫地机器人了。它通过各种传感器获取和感知周围环境的信息，构建房间的地图。3D视觉导航识别系统，通过位于机身上的图像感应器配合相应的处理器，在"智能大脑"的加持下，可以了解自己所处的位置，通过路径规划算法和正确的导航实现全屋的清洁。

除了扫地机器人，国内还出现了面向家庭服务的人形机器人，它除了具有 AI 大脑，还有和人类相似的身体。2024 年 3 月在中国家电及消费电子博览会上，海尔机器人、乐聚机器人联合展出了一款人形机器人——夸父，它展示了跳跃、快走等技能，还实现了洗衣、浇花、插花、晾衣服等手部操作功能。随着技术的发展，机器人有望全面进入家庭服务领域，满足生命健康和陪伴护理等高品质

图 3-14 智能机器人（图源 AI 生成）

生活需求。

（三）智能交通

人工智能技术在交通中的应用十分广泛，涵盖了智能驾驶、智能交通管理、智能停车、城市轨道交通智能化等多个方面。

日常出行时大家常使用高德或百度地图导航，它可以提供公交系统车辆的进站时间，在乘坐过程中优化乘车路线，为乘客提供换乘的无缝衔接和最优路线。私家车出行时，导航软件基于道路历史和实时数据，可以智能地规划出最佳路径，以减少拥堵时间。

随着新一代的高精度导航和无人驾驶技术的发展，未来汽车将进入无人驾驶时代。近几年来智能汽车的快速发展远远超出了人们的预想。比如，"萝卜快跑"目前已经在全国多个城市运行，它的运营成本低，车费远低于传统出租车价格，对于老百姓来说经济实惠，又在一定程度上减少了人为因素导致的安全隐患。"萝卜快跑"通过技术创新和服务模式的优化，为用户提供了便捷、经济、安全和具有科技感的出行解决方案。

二、健康管理

（一）健康管家

人工智能和可穿戴设备的结合可以说是一项伟大的创新。智能手表或智能手环作为一个常见的可穿戴设备，就像一个人身上的健康体检仪器，它可以通过传感器等技术实时地采集人体的生理数据，如心率、血压、血氧饱和度等，同时还可以记录人体的睡眠、饮食、运动等各种健康行为数据。这些数据通过蓝牙传输到手机、电脑等设备中，再通过人工智能进行分析和处理，从身体健康状态的实时监测到个性化的健康建议，给个人提供全方位的健康管理服务，帮助人们及时发现健康问题，掌握自身的健康状况，进而采取相应的措施预防疾病。

人工智能重塑了我们日常使用的传统产品，如柯氏音血压计就是一款人工智能与传统血压计结合的智能医疗产品。该血压计采用血压测量标准中的柯氏音法，加入声音采集装置配合声音识别算法，模仿医护人员用耳听诊的方式（柯氏音）进行血压测量，检测结果较市面上传统采用示波法原理的电子血压计更精准。柯氏音血压计还可以把测量数据自动上传至 App，方便使用者记录信息，并可以对血压进行长期管理。此外，App中还搭载了健康垂类大模型，能分析个人血压历史数据，提供指导建议，方便使用者随时了解家人的血压情况。

（二）辅助诊断

辅助诊断指的是利用人工智能图像检测技术对医学影像数据进行分析和诊断，帮助医生更加快速准确地判断病情，提高医疗质量和病人的看病效率。比如，新冠疫情防控期间，患者肺部CT影像数量剧增，影像医生工作量加倍，CT影像智能辅助系统通过病灶智能识别、分割定位、量化评估等工作，在2~3秒之内完成定量分析并出具报告，实现快速诊断。辅助诊断系统在为医生提高阅片效率、减轻工作负荷的同时，也为患者赢得了宝贵的诊治时间。患者看病效率高，非感染人员在医院期间的感染概率也大大降低。

（三）智慧药房

近年来，人工智能机械臂在各个行业开始崭露头角。2024年10月底开诊的北京安贞医院通州院区中就出现了一个智慧药房，这个药房最快20秒完成配药，患者平均不到2分钟就可以取药。药房的高效运作要归功于两台机器人，它们不仅可以将药物分类上架收纳，放在周转区域，并根据需求投入发药机，还能智能检测药品数量，一旦数量低于下限便开启补药模式。北京安贞医院通州院区智慧药房是国内首家实现库发核一体化全流程智能管理的大型三甲医院药房，运用人工智能技术和自动化设配，实现药品从厂商交付到医院入库和门诊药房上架，最后核验发放至患者的全流程机器人闭环作业。这让原先医院中"人等药"变成了现在的"药等人"，医师也有更多时间为患者讲解用药注意事项，不仅大大提升了医疗服务效率，还让患者有了更好的就医体验。

三、家庭教育

人工智能在家庭教育中的应用非常广泛，涵盖了个性化学习指导、亲子关系等多个方面。

AI 判题可以辅助家长来判断孩子的答案是否正确，这不仅减轻了家长辅导作业的负担，还能够为学生提供个性化的学习辅导。人工智能擅长分析学生的学习情况，帮助他们了解自己的学习薄弱点，发现知识短板，发展长板。现在还出现了不少学习机，搭载了包括 AI 判题在内的多种智能功能，可以帮助学生学习。例如，具有护眼功能的墨水屏 AI 智能学习机，它集合了 AI 作文批改、AI 口语对话等功能。特别是 AI 作文批改，它通过大模型对学生的作文进行辅导，实现写前启发、写后点评润色等功能。AI 能够发现孩子写作的亮点，知晓孩子的强弱项，像老师一样批改点评，进行具体评价以及总体评价，让孩子受到启发精准提升，使孩子的写作水平更上一层楼。另一个亮点应用是 AI 口语对话，它利用语音识别和语音合成技术，可以像真人一样和你进行英语对话，提供词汇和语法方面的建议，成为一对一口语私教，帮助学生改进口语表达，让学生可以随时随地练习口语。

在家庭教育中，除了辅导功课外，让家长最头疼和最难处理的就是亲子关系了，特别是青春期的孩子。现在，有的 AI 产品能提供个性化的解决方案，帮助家长更好地理解孩子，优化亲子关系。这些产品拥有育儿指导、心理咨询、学业规划、家庭教育指导、出国留学咨询等多个 AI 专家角色，内容丰富且形式多样。有的产品还提供沉浸式情景训练，预设了大量常见家庭教育场景，帮助家长进行模拟训练，提升与孩子的沟通能力；同时也为孩子提供了练习环节，帮助他们在不同环境和情境下更好地与人相处。

人工智能在家庭教育中的应用极大地提升了家庭教育的质量和

效率，使家庭教育变得更加智能化、个性化和趣味化。

四、AIGC 创作

近年来最火的生成式大模型，已成为创作高手。我们可以使用大模型进行内容创作，自动生成故事、剧本、视频、音乐和绘画等，提升内容的多样性和创新性。

当你想创作一幅画或者一段视频时，可以利用 AIGC 的生成创作能力。如 Midjourney 是一个从文本生成图像的 AI 绘画生成软件，可以根据你输入的文本提示词生成具有视觉效果的图像。只要你输入对想要的画面描述场景的文字，也就是提示词，通过类似这样的公式：主题 + 环境 + 风格 + 参数，它就会自动生成画面。如果生成的图像与你的预期有差距，可以通过调整提示词的细节来进行微调，当然你也可以在此基础上进行修改和添加，形成一幅效果更好的作品，从而加快创作速度。

AI 创作视频也不在话下，除了美国 OpenAI 公司的 Sora，国内大模型厂家也推出了很多此类视频生成工具，如剪映打造的 AI 创作神器即梦（Dreamina），包括了丰富多样的智能化创作工具。你可以通过文字描述自动生成精美图片与视频，也可以用静态图片一键转化为视频。快手的可灵 AI 能够轻松生成长达 3 分钟、分辨率高达 1080p 的超清视频内容，为用户提供高质量的艺术创作体验。MiniMax 推出的视频生成工具海螺 AI 在画面质量、连贯性、流畅性等多维度均处于领先地位。目前海螺 AI 走出国门，在超过 180 个国家和地区吸引了 AI 创作者、影视导演和编剧们的目光，拓展了创作的边界。

这些强大且灵活的 AI 工具成了 UI 设计师、视频创作者以及各领域设计师的理想工具。AIGC 工具特别适合各类博主、"UP 主"以及市场人员，它快速地将创意或故事以视频的形式呈现，简化了视频的制作流程，方便创作者们将作品分享到各个社交媒体平台。

五、休闲娱乐

AI 技术通过创新内容生成、个性化推荐、智能互动和沉浸式体验，极大地丰富了休闲娱乐行业，为用户带来个性、智能和多样化的娱乐方式。

（一）元宇宙、数字人

在元宇宙中，AI 与虚拟现实（VR）、增强现实（AR）等技术结合，创造出全新的娱乐空间，用户戴上专用的 VR 眼镜可以在这些虚拟环境中享受沉浸式的休闲活动。

数字人可以通过"AI+视频""AI+音频""AI+创意"的方式来构建。结合了语音识别、语义理解、语音合成、虚拟形象驱动等AI核心技术，数字人可以实现AI虚拟人与真人之间的"面对面"互动交流。目前国内有多家AI公司提供了数字人生成平台，我们只需要录制3~5分钟的视频，平台就可以根据这段视频生成一个几乎和我们一模一样的数字人。目前一些直播主播和视频博主已经实现了用数字人代替真人出镜，打造数字分身进行短视频播报，24小时全年无休为自己的产品直播带货。

（二）运动健身

在生活中，很多人常常因为时间、场地等因素而难以坚持健身。而AI运动产品的出现，轻松搞定这个问题，让健身不受时间、场地等限制，让全民健身变得更加容易。2020年，一款名为"天天跳绳"的App火了，它通过摄像头识别你的跳绳动作来计数跳绳数量，不需要自己计数，十分便捷。这款App上还有多种体感小游戏，主要是利用手机或者Pad上的前置相机识别你的头部、手部和脚部等位置信息，来判断你是否完成游戏目标。类似的App还有

Keep，通过手机摄像头实时捕捉身体动作，并与标准动作模型进行对比，如有不规范，立刻提醒并精准指出错误所在，同时指导你如何调整到正确的姿势。这些运动 App 还能提供各种新奇的特色运动，深受人们的喜爱，即使在家也可以随时随地锻炼身体。

图 3-15　使用 AI 运动产品健身（图源 AI 生成）

AI 促进了运动健身领域的创新，提高了大众的参与度，让运动健身不再是一件枯燥乏味的事情，而是更加便捷、高效。

（三）体感游戏

Kinect 是微软 2010 年发布的 Xbox360 体感周边外部设备，它的出现颠覆了传统游戏机的使用方式。实际上 Kinect 是一种 3D 体感摄像机，它加入了即时动态捕捉、图形识别、麦克风输入、语音识别等功能。它依靠相机捕捉三维空间中玩家的运动并识别人脸，让玩家自动连上游戏，它还能识别声音并接受命令，让你的身体成为一个巨大的游戏控制器，带来更有趣的游戏体验。

Ultraleap 的裸手追踪技术也是通过高精度的摄像头和算法，能够追踪手和指尖的动作，实现对用户手势的实时捕捉和识别，非常适合那些需要精细手部控制的游戏。手势识别硬件 Leap Motion，可识别任意点按、摆动、拿取、抓握、拾起一样东西并移动，带来全新的体验。例如，用手指即可玩切水果、打坏蛋，用双手即可飙赛车、开飞机，还可以实现全新的乐器体验，弹奏空气吉他、空气竖琴等乐器。

还有很多技术利用虚拟/增强现实设备为体感游戏提供更加沉浸式的体验，如索尼的 PlayStation VR 就是采用虚拟现实技术，实现全身跟踪和手势识别，让玩家完全沉浸在虚拟游戏中。任天堂的增强现实（AR）游戏《精灵宝可梦（Pokémon GO）》利用手机的摄像头和定位功能，让玩家在现实世界中捕捉虚拟精灵。还有 PICO 推出的 Pico 4 Ultra 混合现实（MR）一体机，采用了全新高通骁龙计算平台，并配备了双目 3200 万像素彩色透视摄像头和 iToF 深度感知摄像头，为用户提供了全景屏工作台，用户在现实空间中可以同时打开多个虚拟大屏，多窗口自由交互，为用户提供了更逼真和多样化的空间体验。

（四）机器人玩具

在机器人技术中，AI 赋予了机器人娱乐和休闲功能，智能机器人可以与人进行互动游戏，提供互动娱乐体验，增加了人们的休闲乐趣。如 AI 下棋机器人元萝卜，它通过机械手使用真实的棋子在棋盘上和人下棋，可以陪下围棋、五子棋和国际象棋，还具有多种下棋模式，如对战、陪练等，覆盖各个棋力阶段。它不仅可以指导初学者进行练习，还可以日常和棋手进行对弈，随叫随到，可以说是一个贴心的陪伴机器人。

图3-16 AI娱乐机器人（图源 AI 生成）

这些有趣的 AI 产品和软件，让我们的生活变得越来越有意思，越来越美好。

风险与机遇并存,人工智能是把『双刃剑』

肆

智造者说：
大国工匠讲 AI 通识

第一节　工作变化，人工智能带来的新挑战

18世纪60年代，蒸汽机的发明给人类带来了第一次工业革命。从此，机器的出现取代了部分人力，生产力提高的同时也带来了一定程度的失业潮。当时，甚至有工人聚集在一起拼命砸坏"剥夺"了他们工作的机器。现在，当人工智能技术突飞猛进的时候，或许也有人和一百多年前的工人产生了相似的疑问："我的工作，会不会被人工智能技术取代？"

一、人工智能是否会取代人工

这个问题并不是用简单的"是"或者"否"就可以回答的，而要从多个角度来看待。随着时代的发展和技术的更迭，人类的工作本就在不断变化，有的工作已经几乎灭绝，有的工作新兴出现，而有的工作则一直延续，只是随着时代变化有了新的形式。例如，在唐代缺少图书复制的工具，古人便利用大量人力进行抄写，这种工作被称作"抄书"；随着雕版、活字印刷技术的兴起，这份工作也逐渐衰退；在电子存储、激光打印的现代，这个工作更是销声匿

迹。而与新兴印刷技术相关的印前制作员、印刷操作员以及印刷机器维修员等工作应运而生。相似地，人工智能技术可能会让部分工作走向衰落，但它也产生了不少新型的岗位，并且也会让一些传统的岗位呈现新的形态。

让我们再将目光回到第一次工业革命。1768 年，卡特赖特发明了水力织布机，将织布效率提高了 40 倍，这导致英格兰的兰开夏织布工人在 1820—1851 年锐减了 15 万人。这些人都在失业后穷困潦倒吗？事实并非如此，其中不少人学习了当时较为时兴的技术，从织布工人变成了纺纱工人，找到了新的工作。这些事例告诉我们新技术的出现并不可怕，重要的是跟上时代步伐，不断学习新技术，提高自身数字素养，这样才不必担心自己被新技术取代。

二、哪些工作容易或不容易被取代

人工智能拥有执行力精确、计算能力强、存储数量多、语言能力佳等优点，所以重复性高、需要的知识少、可以通过规则完成的工作，则更可能被人工智能技术取代。

（一）可能被人工智能取代的工作

1. 重复性强的工作

一些技术性不强、重复性较强的工作，可能会被人工智能技术取代，如自动化生产线上的一些工序，不需要经过过多的思考和决策，只需要按照既定程序进行操作，人工智能中的自动化控制、机器人等技术就可以完成这些任务，那么相应的工作岗位更可能被取代。另外，一些简单但人类容易出错的工作也可能会被人工智能技术取代，如大量信息录入。目前 OCR 与手写识别技术都日趋成熟，错误率很低，数据录入的工作也可能会被这些技术取代。

2. 需要的知识少的工作

目前，大语言模型技术发展越来越成熟，其高超的语言能力在不少方面都可以与人类相媲美，一些需要语言交流但又不涉及过多专业知识，通常可以用固定话术完成的工作，就有可能被取代。再加上现在语音合成技术、图像生成技术臻于成熟，一些公司也采用了具有生动形象和逼真人声的客服来取代人工客服。但要注意的是，一些需要专业知识或者复杂逻辑的客服工作，还是需要人工完成。

3. 可以通过规则完成的工作

人工智能技术通常会遵循指令和规则来完成任务，具有较强的"原则性"。一些只需要遵守规则就能完成的任务就可以完全交给人工智能。例如，机器人按照既定的轨道上菜，银行一体机可以通过简单的交互办理一些业务等。随着人工智能技术的成熟，一些只需要按照规则就可以完成的工作，可能会被取代。

图十一 人类和机器人竞争（图源 AI 生成）

但是，人工智能技术也有一些短板，如目前的技术还相对死板，逻辑性不够强，情感识别与回应较差，对人类道德与伦理的理解较浅，因此灵活性高、复杂性强、创新性强的工作和需要情感与道德的、需要精细化操作的工作，更加不容易被取代。

（二）不容易被取代的工作

1. 需要创造力的工作

虽然目前一些人工智能技术如大模型具有一定的创造性，可以生成文章、图片、音乐甚至视频，但是技术本身却缺乏想象力与创造性，需要人为输入主题、灵感或者具体的指导。因此，需要丰富想象力、创造力的工作，如艺术家、作家、设计师等，还无法被目前的人工智能技术取代。

2. 灵活、高复杂性强的工作

目前的人工智能技术可以在一定的条件下实现自动化作业，但是在一些复杂场景下的表现仍然不佳，如需要迅速做出判断和决策，在复杂环境下进行精确识别，对具有引申含义的话语进行精确理解等。这些灵活性较高的工作仍然需要由人工来完成。

3. 具有创新性的工作

人工智能技术擅长将已有的信息进行归纳、分析、推理和预测，但是对于未知领域的探索、提出新的理论和方法，则无法由人工智能技术单独完成。例如，科研工作需要科学家具备高度的创新思维和科研能力，以应对复杂的科学问题，目前还无法由人工智能技术替代。

4. 需要情感与道德的工作

人工智能技术在智能上已经表现出和人类相当甚至超越人类的能力，但是在情感、道德方面和人类仍有差距。因此，一些需要深入理解人类情感、提供情绪价值、培养品德与价值观等的工作，还无法由人工智能技术完成，需要由人类进行承担。

5. 需要精细操作的工作

目前人工智能技术中的机器人、机械臂技术虽然已经有了快速发展，但对于一些精细化操作——尤其是一系列连续精细化操作——还无法达到和人类相媲美的水平。斯坦福大学团队在2024年1月发布了一款炒菜机器人，乍看之下很吸引人，但仔细研究就会发现这款机器人只能进行一些简单的炒菜操作，食材的清洗和处

智造者说：
大国工匠讲 AI 通识

图十二 人类和机器人协作（图源 AI 生成）

理还是需要人工完成，更不要说替代专业厨师完成工序复杂的菜品了。相似地，其他需要精细操作的工作，如刺绣、手术、精密仪器制作、实验等，仍然需要人工来完成。

随着人工智能的技术不断发展，技术的能力会日渐增强，无法完成的任务也会逐步减少。但这不意味越来越多的工作会被人工智能技术取代，一些传统的工作可能会面临转型与升级，但同时也会有一些新的工作机会随之出现。

三、未来有哪些可预见的新兴工作

除了常见的算法工程师、数据科学家、人工智能研究员等工作岗位，一些和人工智能技术相关的岗位也如雨后春笋般出现。2022年，人力资源和社会保障部颁布了《中华人民共和国职业分类大典（2022年版）》。2024年，国家再次公布了19个新职业，其中有不少职业和人工智能相关。

（一）需要运用人工智能技术的岗位

1. 人工智能训练师

人工智能训练师听起来和算法工程师有一些相似之处，但是工作内容却有所不同，他们的主要工作是使用智能训练软件，进行人工智能产品所用数据库管理、算法参数设置、人机交互设计、性能测试跟踪等。人工智能训练师既要对人工智能技术有一定的了解，又要能够从用户的角度来对人工智能产品进行设计，需要多领域的知识和技能。

2. 提示词工程师

提示词指的是一种大模型能够"理解"的指令，而提示词工程师的任务主要是创造和运用各种提示词，教会大模型如何理解用户的意图，更好地生成用户希望得到的内容。他们就像是大模型的导师，让大模型"更懂人类"。提示词工程师需要对大模型运行的原理有一定的了解，也需要对用户的需求具有足够的洞察。

3. 工业互联网运维员

工业互联网技术目前趋于成熟，已经或者将要构建的互联网设备需要专业人员进行维护，具体包括使用的软件、设备和工具，对工业互联网系统进行互联互通、数据采集、平台优化、系统维护等工作。这些工作需要从业人员具备与工业互联网技术相关的知识和技术，能够完成系列运维工作。

4. 智能制造系统运维员

现在，很多工厂都引进了智能制造相关技术，甚至将工厂打造成"智能工厂"。但是智能制造的相关技术也并非万无一失，这就需要智能制造系统运维员为机器正常运作保驾护航。他们通常需要进行智能制造系统的数据采集、状态检测、故障分析与诊断、预防性维护、保养和优化生产。这种人才在智能工厂中不可或缺，他们需要了解智能制造技术原理，理解智能制造系统，掌握检测、维修等技术。

肆

风险与机遇并存,人工智能是把"双刃剑"

除了这些新兴工作,许多传统工作岗位也因为人工智能技术的出现开始转型和升级。

1. 工业机器人系统操作员

工业机器人系统操作员的主要工作是操作和维护工业机器人,确保这些机器人可以在工厂中准确、高效地完成任务,这个岗位在工厂智能化的浪潮下越来越常见。操作员需要了解机器人的原理,懂得如何与机器人协作完成工作,优化生产效率。

2. 人工智能产品经理

人工智能产品经理和传统的产品经理有一些相同之处,他们都需要对用户市场、竞品功能有足够的了解,设计产品功能,助力产品成型等。不同的是,人工智能产品经理需要对先进的人工智能技术有充分的理解,并且可以将新兴的技术与用户的需求进行融合,打造出适应市场的爆品。

3. 数字版权经纪人

近年来,知识产权受到了越来越多的重视,保护科技领域知识产权对于促进技术发展有重要的意义。数字版权经纪人通常会帮助企业进行版权交易、版权登记代理、版权贸易、版权价值评价等相关服务。数字版权经纪人必须掌握与版权相关的经济学知识和技术，还需要学习法律、工程学等方面的知识，尤其是在人工智能企业中，还需要对先进的人工智能技术有所了解。

4. 数字化车间主管

数字化车间主管负责数字化车间的日常运营和管理工作。不同于传统的主管，他们既要懂得人员管理方面的知识，能够准确安排和管理人才，又要熟悉智能制造相关技术，能够制订合理的生产计划，优化生产流程，提高生产效率。

不管是人工智能技术带来的新职业，还是伴随人工智能技术发展面临转型和升级的旧职业，在未来，人类与人工智能协作会成为重要的趋势，人工智能作为辅助人类的工具，帮助人们提高工作效率，促进新质生产力发展。

第二节　潜在风险知多少，人工智能的"另一面"

本书的第二章和第三章介绍了人工智能技术的很多优点。但任何技术都是一柄"双刃剑"，用得好可以披荆斩棘，用得不好则会伤害自己。人工智能技术也是这样，知道了它的优点之后，本节我们需要进一步了解人工智能技术带来的潜在风险。

一、人工智能技术的局限性

任何一项技术都会存在缺陷，人工智能技术也不是完美无瑕的。人工智能技术的局限性通常体现在准确性、稳定性和有效性上。

准确性指的是人工智能技术在执行特定任务时，得到的结果是否符合预期的结果。比如，使用一个搭载了计算机视觉技术的小程序识别一张图片中的物体，如果图片上本来是"狗"，但小程序识别成了"猫"，这就是错误的。如果让小程序识别10张物体图片，有9张识别正确了，1张识别错误了，那么准确率就是90%。当下，大模型无疑是最火的人工智能技术。不少人会用它来进行问答、辅助搜索等，但大模型存在幻觉，也就是会把不真实、错误的信息作为正确的信息进行输出。如果我们不能加以分辨，贸然使用这些信息，可能会导致严重后果。因此，我们在使用人工智能技术的时候，需要考虑完成任务需要的准确率和这项技术实际能达到的准确率，例如在工业制造的一些场景中需要达到"零差错"，目前的人工智能技术还难以达到要求。我们不应盲目轻信人工智能技术，这样才能最大限度发挥人工智能技术的作用。

稳定性指的是人工智能技术在长时间运行中可以保持稳定的性能，不会频繁出现崩溃或者异常的情况。不同的应用场景对于稳定性的要求也有所不同。如果我们是用趣味相机的 AI 功能，把自拍照生成卡通形象，即使每次生成得不太一样，或者有时候直接程序崩溃没有生成，我们也不会过度在意。但如果是在工业生产的情境中，一条人工智能技术控制的切割工艺机械手臂突然失控，就会造成严重的经济损失，甚至危害到工人的人身安全。因此，技术研发人员会不停追求技术稳定性的进步，使用者也要考虑人工智能技术可能存在的不稳定性，做出适当的选择，并在使用时做好监控。

有效性指的是人工智能技术在实际应用中达到预期目标或解决特定问题的能力。例如，我们在购物时想要搜索"适合送给父亲的礼物"，我们可能期待智能算法推荐一些适合中老年男性的产品。如果网店自动推荐了如血压计、运动手环、钓鱼竿等中老年男性可能会喜欢的礼物，这就是有效的。如果它推荐了旗袍、口红、手镯等产品，就不符合我们的期待。因此，在使用人工智能技术的时候，我们需要保持审慎的态度，参考多方信息，这样才能达到最佳效果。

二、人工智能技术的滥用

除了局限性，人工智能技术如果被滥用，也会造成不良后果，如网络成瘾和信息茧房。

人工智能技术在让游戏、音乐、视频等娱乐活动变得更加吸引人的同时，也诱发了网络成瘾的问题。我们可以回想一下自己是否有过相似的经历：在夜晚看着短视频平台推荐的一个又一个相似主题的有趣视频，不知不觉就熬到了深夜；休息日的中午打开了一周没有玩的游戏，一局接一局玩得不亦乐乎，等回过神来天已经黑了。这些或多或少都是网络成瘾的现象。早在 2017 年，世界卫生组织就将"游戏成瘾"列为一种精神疾病。最新发布的《青少年蓝皮书：中国未成年人互联网运用报告（2023）》显示，我国青少年网民数量接近2亿，其中网

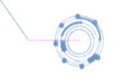

图4-3《未成年人网络保护条例》实施（图源AI生成）

络成瘾的发病率接近10%。在人工智能时代，如何防止青少年沉迷网络、游戏，是一个迫在眉睫又至关重要的问题。我国早在2005年就开展了防治青少年网络沉迷的工作。2023年9月我国通过了《未成年人网络保护条例》，2024年1月1日起正式施行。《未成年人网络保护条例》中详细规定了未成年人网络沉迷防治相关内容，为青少年绿色、安全、科学、健康上网保驾护航。而作为成年人，我们也应当自觉抵制人工智能技术滥用带来的不良诱惑，避免出现成瘾情况。

肆

风险与机遇并存，人工智能是把"双刃剑"

在当今这个时代，我们每个人都面临信息爆炸的情况。面对浩如烟海的信息，如何寻找、筛选、获取有用的信息，是我们每个人都会遇到的问题。人工智能技术的发展让这件事变得容易起来。在前面的章节我们也介绍过，可以采用人工智能技术进行精准搜索，总结主要信息，推荐相关信息等。但依赖这样的技术会带来另一个问题，那就是信息茧房。信息茧房，是指人们关注的信息领域会习惯性地被自己的兴趣引导，从而将自己的生活局限在像蚕茧一般的"茧房"中的现象。在网络时代，随着人工智能技术的发展，个体可以根据自己的喜好定制信息，从而只接触与自己兴趣相关的信息，形成一个封闭的信息环境。回想一下，视频平台与社交媒体是否总会向我们推送我们经常浏览的内容？我们自己是不是也总是看这些内容而忽略了其他对我们来说也比较重要的信息？如果答案是"是的"，那么我们自己也可能被困于信息茧房之中。造成这一现象的原因有很多，如人工智能算法在推荐时自动过滤掉用户没有选择"感兴趣"的话题，算法本身存在一定的偏见，算法优化中为了追求用户满意度和点击率而选择性地忽略了一些内容等。

三、人工智能技术的恶意利用

除了规范我们自身使用人工智能技术的方法，我们还要注意提防他人恶意利用人工智能技术进行的侵权甚至违法行为。恶意利用人工智能技术可能带来的风险包括电信诈骗、虚假内容与造谣、侵犯个人隐私和数据安全、侵犯知识产权等。

1. 电信诈骗

随着人工智能技术的不断发展，电信诈骗案件数量也逐步攀升。2024 年 1 月，公安部召开的新闻发布会上，揭露了令人惊讶的数据：2023 年，全国公安机关共破获电信网络诈骗案件 43.7 万起，国家反诈中心累计向各地下发资金预警指令 940 万条，公安机关累计见面劝阻 1389 万人次，会同相关部门拦截诈骗电话 27.5 亿次、短信 22.8 亿条，处置涉诈域名网址 836.4 万个，紧急拦截涉案资金 3288 亿元。目前，电信诈骗最常见的手段就是利用 AI 语音合成和 AI 换脸技术实施诈骗。

AI 语音合成诈骗通常用于电话诈骗的情景。诈骗分子通过骚扰电话的方式来获取某人的声音，使用 AI 语音合成技术将这些声音素材进行合成，再通过伪造的声音来实施诈骗。西安一位财务人员张女士,在与"老板"通话后按照指示转账了 186 万元,而这位"老板"是诈骗分子利用 AI 语音合成技术造假而成的。无独有偶,福州某科技公司的郭老板,也被"朋友"以竞标的名义骗取了 430 万元。AI 语音合成技术还被用于"绑架诈骗",曾有诈骗分子伪造女留学生的声音给其母亲打电话,谎称绑架了该女孩,母亲也在电话中听到"自己的女儿"大呼救命。然而"女儿大喊救命"也是诈骗分子通过 AI 技术合成的语音。在这类骗局中,诈骗分子通常会通过 AI 语音合成技术来模拟受骗者的亲人、朋友、领导,再编造出紧急需要钱的理由,向受害者骗取钱财。

  AI 换脸技术则与 AI 语音合成技术结合,让电信诈骗变得更加"真实"。诈骗分子会筛选潜在的诈骗对象,收集相关信息,在视频通话中采用 AI 换脸技术冒充诈骗对象认识的某个人,获取对方信任,再实施诈骗行为。一位家住常州的女士接到一位在国外的"朋友"的信息,称自己购买回国机票现款不足,想要借钱。这位女士向借钱的"朋友"发起了视频通话,确认了借钱的人确实是自己的朋友,陆续向指定账户汇款 10 万余元,后来看到真的朋友发布有人冒充自己行骗的消息,这位女士才知道自己被骗了。另一位受害人王先生也因为 AI 换脸技术伪造的图片，被诈骗分子骗了 20 万元。王先生收到了一张自己和一位女士的不雅照片，诈骗分子声称掌握了王先生的全部资料，还准确说出了王先生的真实姓名和工作单位，并要求王先生转账 68 万元买回这些资料。王先生分期支付了 20 万元后，接到了山东警方的联系，这才意识到自己被骗了。在这类骗局中，诈骗分子利用了大众认为"视频无法造假""人脸没问题就是真实的"等知识盲区，通过 AI 换脸技术伪造身份，从而骗取大量财产。

2. 虚假内容与造谣

如果说利用 AI 技术实施诈骗带来的是经济损失，那么虚假内容与造谣带来的则是名誉和精神的损失，甚至引发社会公众的惶恐，扰乱公共治安。2024 年 6 月，中央广播电视总台新闻频道报道了一起耸人听闻的 AI 新闻造假案件。江西南昌一家 MCN 机构利用 AI 技术，仅仅通过输入一些关键词，就可以每天生成 4000~7000 条虚假新闻，并且可以生成相应的难分真伪的图片，如 2024 年 1 月网上热议的"西安爆炸"事件就是出自该 MCN 机构的虚假新闻。最高的一条新闻收入 700 元，初步估算每天的收入在 1

万元以上。这家 MCN 机构传播谣言，虚构事实，还从中牟取暴利，严重扰乱公共秩序。南昌警方依据相关规定，依法对 MCN 机构负责人王某某处以行政拘留 5 日，责令涉案 MCN 机构停业整改。

另一个重灾区就是 AI 造谣，特别是制造色情谣言。不管是国内还是国外，有大量女性受到色情谣言的危害。其中一个著名案例就是美国知名女歌手泰勒·斯威夫特（Taylor Swift），其大量由人工智能技术生成的虚假色情、血腥照片在多个社交平台疯传，浏览量已超过千万，引发社交媒体震动。在我国，也有人利用人工智能技术实现"AI 去衣"，制作色情图片，从而牟取利益。北京警方破获了一起类似案件，犯罪嫌疑人白某原本是一家互联网公司的技术员，他声称可以使用 AI 技术实现"脱衣"功能。只要给他一张图片，再支付 1.5 元，就可以获取一张图中人物衣服消失的图片。这项技术并非真的实现了"脱衣"，而是利用人工智能技术对图像内容进行"篡改"，其本质是一种伪造。白某因为制作、贩卖淫秽物品，涉嫌贩卖淫秽物品牟利罪被提起公诉。

3. 侵犯个人隐私和数据安全

随着人工智能技术的发展，数据安全也逐渐走进了人们的视野。近年来,手机过度收集信息的案例报道越来越多。北京的张女士发现,自己手机上安装的一款 App 在注册时,系统会自动默认勾选"已阅读并同意服务条款和隐私政策"的选项,如果她拒绝,系统就会自动闪退。使用一段时间后,张女士发现这个 App 强制收集的信息太多了——手机品牌和型号、用户偏好设置,甚至手机号、密码等。这些信息可能被用于 AI 算法训练,从而描绘精准的"用户画像",再进一步推送用户可能感兴趣的各种广告。除了 App,过度采集人脸信息也成了隐私泄露的重灾区。和掌纹、指纹等生物信息不同,人脸的采集不受环境限制,甚至只有一台摄像设备就足够了。有的不法分子采用人工智能技术,通过非法手段抓取人脸数据并进行公开售卖。有的则是购买人脸和个人信息数据,利用 AI 技术进行视频合成,伪造人脸识别认证,从而非法获利。广州互联网法院公布了一起买卖公民个人信息案件,涉案人员先是低价购买了某个身份证号对应的个人照片,然后利用人工智能技术合成包括眨眼、摇头、张嘴等动作的视频。通过这些视频就可以破解人脸识别系统,进入手机应用软件,收集更多个人信息,从而向下家出售。涉案人员非法处理个人信息高达 2000 余条,涉案金额 10

万余元。

4. 侵犯知识产权

在 ChatGPT 问世后,有人就利用它生成了自己感兴趣的书的缩减版,这样就可以不用购买而阅读相关图书,这种行为显然侵犯了图书作者的著作权。2023 年 9 月,美国作家协会以及包括《权力的游戏》原著作者乔治·R.R. 马丁在内的 17 位美国著名作家对 OpenAI 发起集体诉讼。美国作家协会在起诉状中声称 OpenAI 在未经授权的情况下,使用原告作家的版权作品训练其大语言模型,使其大语言模型可以基于这些未经授权的小说输出相应结果,并可能生成总结、复述以及模仿这些作品的衍生作品,这严重侵犯了作者的著作权。也有人利用图像合成或者生成技术,制作和知名商标类似的"山寨"商标,并将其用在自己的产品上,迷惑消费者进行购物,这种行为则构成了商标侵权。

第三节 面对风险，我们如何应对

在上一节中我们介绍了人工智能技术的潜在风险，包括人工智能技术的局限性、滥用与恶意利用。在本节中，我们将详细介绍如何应对人工智能的风险，保护自身安全与权益。

一、合理使用，保持清醒

首先，我们要明确使用目的，合理选择最佳人工智能技术。 在使用前，我们需要明确自己"想要用人工智能技术达到什么目的"。达到的目的不同，需要选择的人工智能技术精度也不同。如果希望人工智能技术帮忙润色一段话，现在大多数基于大语言模型的产品都可以做到，并且性能差异不算很大，只要任选一种就可以了。如果有一个数学问题想要咨询，那么最好选择装备了大量数学知识的专业人工智能产品，否则就可能得到错误的信息。如果想要家庭财产配置的理财建议，那么就要更为谨慎，不仅要选择具备专业知识的人工智能助手，还要查验国家相关资质审核的证明，不然很有可能造成财产损失。

其次，我们要保持批判性思维，不能盲目轻信人工智能技术。 在上一节中我们提到人工智能技术很难做到百分之百准确，所以我们需要时刻警惕，对人工智能给出的答案保持批判性思维，注意任何可能出现的异常或者错误。如果 AI 给出的答案或者建议与常识或者经验相悖，那么需要进一步核实，确保做出的决策是基于客观、准确的信息。面对具有强烈情绪引导性或者爆炸性的新闻内容，要保持谨慎的态度进行分析求证，等待官方认证的消息，不可盲目认同甚至扩散消息，以免在不经意间传播虚假信息与谣言。

再次，我们要保持开放的态度，采用多种技术，不要使用单一技术。 每种技术都有自己的优点和缺点，为了达到最佳的使用效果，我们可以采用"人工智能技术组合拳"。例如，在查询信息的时候，我们可以使用多种人工智能助手，对获取的信息交叉对比，从而获取最全面的消息。例如，在制作精美的 PPT 时，我们可能需要一种工具来梳理报告内容，另一种工具来制作图表，再来一种工具美化 PPT 外观。采用多种人工智能技术组合，可以帮助我们减少信息不全面带来的决策偏差，也可以帮助我们更好地完成复杂的任务。

最后，我们要善于自己思考，不要过度依赖人工智能。人工智能技术的发展给我们的生活提供了很多便利，但是我们也要多独立思考，学会质疑、分析并综合多方信息，形成自己的观点和判断，避免"遇事不决就问人工智能"的情况，这样才能打破信息茧房，避免被算法困住。此外，未成年人的监护人也应该培养孩子独立思考的能力，避免让孩子一遇到不会的题目就问人工智能软件，这样不仅不利于学业进步，也不利于孩子个人发展。监护人应当控制未成年人使用人工智能产品的时间和场景，避免孩子过度依赖人工智能技术。

二、谨慎使用，注意防范

首先，谨慎选择人工智能技术，确保使用的是合法、合规的技术。一些不法分子可能会将非法的人工智能技术包装成普通的产品，诱导用户进行使用，从而获取非法收益。我们应当通过正当的途径获取人工智能技术，如官方网站、通过国家认定的应用软件平台，拒绝从不安全的途径获取人工智能技术。在使用前应当查看网站或者应用程序是否具备资质，通过国家相关审核，避免使用未经许可的人工智能技术。遇到不合法或不合规的人工智能技术或对应的产品，应当及时举报，避免更多用户受害。

其次，在使用人工智能技术的过程中加强网络安全意识。为了确保使用人工智能技术时的网络安全，我们应当增强网络安全意识，学习常见的网络安全知识，养成良好的使用习惯，如不随意点击不明链接、不回复来路不明的邮件或者信息、账户登录设置复杂密码（包含大小写字母、数字、特殊符号等，具有一定的随机性，不易被破解或者推测）、不同账户设置不同的密码、定期更新操作系统和应用程序以修补安全漏洞等。

再次，注意在使用人工智能技术时保护个人隐私。个人隐私信息包括身份证号、手机号、家庭住址、个人偏好、行为模式、健康状况甚至财务信息等，这些都是非常私密且敏感的，一旦泄露可能造成严重后果。为避免个人隐私泄露，一方面，要注意在使用相关应用或服务时，仔细阅读并理解隐私政策，明确自己的个人信息将如何被收集、存储和使用。另一方面，我们也要提高警惕，避免在不安全的网络环境中输入个人隐私信息，定期检查和更新账户密码，以及利用匿名浏览等方式来增强个人隐私的保护。

最后，提防电信诈骗。在上一章我们提到一些不法分子会利用

AI 语音合成、换脸技术来进行诈骗。为了避免上当受骗,当接到求助、要钱的视频电话后,应当确认拨打视频的是真人。通常 AI 换脸的视频电话比较短,不会超过 3 分钟,并且人物的面部可能不太灵活,可以通过让对方伸手和面部接触、多次拨打视频并维持一定时长来确认视频中出现的是真人。此外,还可以通过向其他人进行信息求证、提问只有少数人知道的信息等方式,确认自己接到的是真实的求助视频或者电话。在进行转账等操作前,一定要核实账号是否为对方真实的账号,避免将钱财转移给诈骗分子。

三、合法使用,学会维权

首先,合法使用人工智能技术,杜绝使用人工智能技术进行违法、违规、不符合社会道德的活动。 开发者设计人工智能技术的本意是为了造福社会,作为一个公民,不能将人工智能技术用于违法、违规或者不符合社会道德的活动,如制作有害国家主权、利益或者形象的信息,引起民族分裂或者争议,用于暴力、色情、违禁活动,窃取他人信息,损害他人利益等。将人工智能技术用于违法、违规活动,可能面临行政处罚、信用惩戒、民事侵权责任,甚至是刑事责任等处罚。

肆

风险与机遇并存，人工智能是把"双刃剑"

其次，了解人工智能技术相关法律、法规，避免在不知情的情况下触碰法律底线。 为了避免在使用人工智能技术的时候触碰法律底线，我们应当积极学习人工智能技术相关的法律、法规和暂行办法。目前我国与人工智能技术有关的法律和规定有《中华人民共和国网络安全法》《中华人民共和国数据安全法》《中华人民共和国个人信息保护法》《生成式人工智能服务暂行管理办法》《互联网信息服务算法推荐管理规定》《互联网信息服务深度合成管理规定》等。另外《中华人民共和国知识产权法》《科技伦理审查办法（试行）》也有和人工智能技术相关的内容，我们将在下一节详细介绍。

最后，遭遇侵权情况，要合理使用法律武器维护自己的正当权益。 在使用人工智能技术的过程中，如果自己的合法权益受到了侵犯，应当第一时间向侵害者提出抗议与协商，争取保护自身权益。如果协商失败，应当向主管部门提出投诉与举报。必要时应当拿起法律武器保护自己的合法权益。

2023 年，北京互联网法院审结了一起与人工智能技术相关的侵权案件。在案件中，被告在社交媒体上发现了原告发布的图片，下载并截除水印，用于自己在另一社交平台上发布的文章的配图。

这些图片是原告采用开源软件 Stable Diffusion 生成的图片。被告称，原告是否享有涉案图片著作权存疑，被告所发布文章的主要内容为原创诗文，而非涉案图片，而且没有商业用途，不具有故意侵权情况。然而法院认定，虽然图片由人工智能技术生成，但是在这个过程中，原告进行了一定的智力投入，如设计人物的呈现形式、设计提示词并根据效果做出调整、设置相关参数等。在图片生成的过程中，图片融入了原告的审美选择和个性判断，具有一定的独创性。因此，法院判定原告享有该图片的著作权。被告未经许可，使用涉案图片作为配图并发布在自己的账号中，侵害了原告就涉案图片享有的信息网络传播权。此外，被告将涉案图片进行去除署名水印的处理，侵害了原告的署名权，应当承担侵权责任。北京互联网法院做出一审判决，判决被告赔礼道歉并赔偿原告 500 元。

第四节 熟悉法律法规，保护你我他

目前我国还没有出台人工智能专项法律，2023年国家互联网信息办公室、国家发展和改革委员会等七个部门联合发布《生成式人工智能服务暂行管理办法》，这是我国第一部和生成式人工智能技术相关的管理办法，自2023年8月15日起施行。针对其他人工智能算法，国家互联网信息办公室也出台了《互联网信息服务算法推荐管理规定》《互联网信息服务深度合成管理规定》等。此外，《中华人民共和国网络安全法》《中华人民共和国数据安全法》《中华人民共和国个人信息保护法》《中华人民共和国著作权法》《中华人民共和国消费者权益保护法》《中华人民共和国未成年人保护法》等法律中也有适用于人工智能技术的法条。人工智能行业内部也在逐步出台管理规范和行业标准。

一、人工智能技术安全

《生成式人工智能服务暂行管理办法》对生成式人工智能技术的发展与治理、服务规范、监督检查和法律责任等方面做出了规定。例如，在服务规范方面，该管理办法规定了人工智能技术服务提供者在处理用户个人信息、用户知情同意、合成图像标识、用户使用规范等方面的内容。并且在第四章第十七条强调"提供具有舆论属性或者社会动员能力的生成式人工智能服务的，应当按照国家有关规定开展安全评估，并按照《互联网信息服务算法推荐管理规定》履行算法备案和变更、注销备案手续。"并且在第十八条规定了用户对于服务提供者的监督、举报权利："使用者发现生成式人工智能服务不符合法律、行政法规和本办法规定的，有权向有关主管部门投诉、举报。"

2023年8月，全国网络安全标准化技术委员会发布的《生成式人工智能服务安全基本要求》对生成式人工智能安全的技术标准做出了更为详细的规定。这项要求的适用范围包括所有"利用生成式人工智能技术向公众提供生成文本、图片、音频、视频等内容的服务的组织或个人"。该要求对于生成式人工智能技术的语料安全、模型安全、措施安全做出了非常详细的规定。此外，全国网络安全标准化技术委员会还针对生成式人工智能，特别是图片、语音和视频等合成技术，发布了《生成式人工智能服务内容标识方法》，对于生成内容的外显和内隐标识做出了明确规定。

2024年1月，工业和信息化部、中央网络安全和信息化委员会办公室、国家发展和改革委员会、国家标准化管理委员会还编制并发布了《国家人工智能产业综合标准化体系建设指南》征求意见稿，对我国人工智能建设思路、重点方向等做出了部署。未来，还会有更多与人工智能相关的法律、行政规定与行业标准，为人工智能技术的高速发展和安全应用保驾护航。

二、知识产权安全

人工智能相关的知识产权法律问题主要涉及两个方面，一个是输入端训练数据合理使用问题，另一个是输出端信息著作权保护范围问题，这两个问题在第二节和第三节分别有所阐述。在《生成式人工智能服务暂行管理办法》中，第四条第三项明确指出使用生成式人工智能技术时必须"尊重知识产权、商业道德，保守商业秘密，不得利用算法、数据、平台等优势，实施垄断和不正当竞争行为"；第七条第二项则规定了"生成式人工智能服务提供者（以下称提供者）应当依法开展预训练、优化训练等训练数据处理活动""涉及知识产权的，不得侵害他人依法享有的知识产权"。

此外，关于输出端信息著作权保护范围问题，《中华人民共和国著作权法》第三条规定"本法所称的作品，是指文学、艺术和科学领域内具有独创性并能以一定形式表现的智力成果"，由人工智能技术生成的文章与图片是否属于这一范畴也受到了诸多讨论。但从近期几起案件判处中可以发现，著作权人采用人工智能技术，投入一定智力成果，产出了具有独创性的内容，均可以被认为是"作品"，受到著作权保护。因此，我们在使用人工智能技术产出的图片时要避免侵犯他人知识产权，也要保护自己的作品知识产权不受他人侵犯。

三、个人信息安全

个人信息安全的法律问题主要涉及非法采集个人信息，包括个人身份信息、生物特征信息、行为和习惯等。为了保护公民个人信息不受侵害，规范个人信息处理活动，从 2021 年 11 月 1 日起，我国开始施行《中华人民共和国个人信息保护法》。这部法律全面详细地规定了个人信息处理、个人在个人信息处理活动中的权利、个人信息处理者义务、法律责任等相关信息。《中华人民共和国个人信息保护法》第十四条明确规定"基于个人同意处理个人信息的，该同意应当由个人在充分知情的前提下自愿、明确作出",并且在第二十八条中规定"只有在具有特定的目的和充分的必要性,并采取严格保护措施的情形下,个人信息处理者方可处理敏感个人信息",敏感个人信息"包括生物识别、宗教信仰、特定身份、医疗健康、金融账户、行踪轨迹等信息"。因此,使用人工智能技术采集个人信息,特别是人脸、指纹等敏感个人信息时,必须得到个人知情、自愿同意,否则就侵犯了个人信息权。用户如果在使用人工智能技术或者应用时,发现自己的个人信息权受到侵害,应当采取合法、正当的手段进行维权。《中华人民共和国个人信息保护法》第六十六条则规定了违反相关规定的部门、主管人员和直接负责人会被处以最高 100 万元以下罚款,情节严重者最高处以 5000 万元以下或者上一年度营业额 5% 以下罚款;相应主管人员和直接责任人也会视情节严重程度,被处以相应罚款。

人脸识别和人脸合成技术在社会中落地应用越发广泛,数据泄露、秘密监控等风险也逐渐暴露。就人脸识别方面,虽然《中华人民共和国个人信息保护法》有人脸识别相关规定,但我国目前还没有针对人脸识别治理相关的行政法规,只有国家标准与行业规范,如《信息安全技术 人脸识别数据安全要求》《公共安全 重点区域视频图像信息采集规范》《公共安全 人脸识别应用图像技术要求》等。这些标准中规定了人脸识别数据的安全通用要求，公共安全领域重点区域视频图像信息采集的安全要求等。2024年7月25日，中国人工智能产业发展联盟发布了《人脸识别产业法律治理研究报告》，在报告中提出了"人脸识别产业治理提倡"，建议采用人脸识别技术应当做到以下几点：坚持"以人为本的设计"；坚持"最小必要原则"；坚持"透明原则"；坚持"用户选择权"；坚持"问责原则"；坚持"全面合规原则"；积极倡导协同共治。在未来，这些倡导也可能会成为法律、法规或者行业标准，保护与人脸相关的个人信息安全。

四、消费安全

人工智能技术的不断革新也推动了数字消费的蓬勃发展，而与之相关的安全风险也逐渐显现，其中个人信息保护、财产安全、知情权和数字空间安宁权成为消费者最为关注的问题。个人信息保护在上一小节中已经阐述，本节就其余几个问题相关的法律和规定进行介绍。目前我国还没有人工智能消费或者数字消费的专项法律和行政规定，但是《中华人民共和国消费者权益保护法》《互联网信息服务算法推荐管理规定》中有与数字消费权益相关的规定。

《中华人民共和国消费者权益保护法》第二章对"消费者的权利"做出了具体的规定，包括消费者的人身财产权、知情权、自主选择商品或者服务的权利、公平交易权利等，这些权利在人工智能技术相关的消费场景下也具有一定的适用性。而在《互联网信息服务算法推荐管理规定》中，则针对人工智能技术之一——算法推荐——提出了更为具体的规定，具体内容可见"第三章 用户权益保护"。例如，针对知情权，在第十六条提到"算法推荐服务提供者应当以显著方式告知用户其提供算法推荐服务的情况，并以适当方式公示算法推荐服务的基本原理、目的意图和主要运行机制等"。针对"网络空间安宁权"，在第十七条明确指出"算法推荐服务提供者应当向用户提供不针对其个人特征的选项，或者向用户提供便捷的关闭算法推荐服务的选项。用户选择关闭算法推荐服务的，算法推荐服务提供者应当立即停止提供相关服务"。对于公平交易，第二十一条也指出"算法推荐服务提供者向消费者销售商品或者提供服务的，应当保护消费者公平交易的权利，不得根据消费者的偏好、交易习惯等特征，利用算法在交易价格等交易条件上实施不合理的差别待遇等违法行为"。

当消费者的权益受到侵害时，可以采用多种手段进行维权。在国家行政部门方面，工业和信息化部推出了 12381 热线，实现"一站式"服务，可以反馈多种与电信服务相关的问题。国家市场监管总局在 12315 平台建立了在线消费纠纷解决系统，解决与数字消费相关问题。在省级法院方面，自 2017 年起在杭州、北京和广州分别成立了三家互联网法院，可以审理数字消费和数字贸易相关案件，维护消费者权益。在个人方面，消费者还可以利用评价、评论等方法，在社交媒体、电商社区、维权平台分享消费体验和维权信息，鼓励其他消费者共同维护自身合法权益，形成对经营者的信用约束。

五、未成年人安全

当前人工智能的飞速发展正以前所未有的方式给未成年人带来深刻和广泛的影响，为了保护未成年人在享受人工智能技术福利的同时不受到不良影响，2020 年，北京智源人工智能研究院联合多家高校、科研院所、人工智能企业和联盟组织，共同发布了我国首个针对儿童的人工智能发展原则——《面向儿童的人工智能北京共识》。该原则包含"以儿童为中心""保护儿童权利""承担责任""多方治理"四大主题，共19条细化原则，呼吁全社会重视人工智能技术对儿童的影响。

2023年，我国颁布了《未成年人网络保护条例》，从国家层面规定了未成年人的网络保护工作要点，其中也有适用于人工智能技术的法条。例如，在第十九条规定"智能终端产品制造者应当在产品出厂前安装未成年人网络保护软件，或者采用显著方式告知用户安装渠道和方法。智能终端产品销售者在产品销售前应当采用显著方式告知用户安装未成年人网络保护软件的情况以及安装渠道和方法"。在第二十六条也提出"网络产品和服务提供者应当建立健全网络欺凌信息特征库，优化相关算法模型，采用人工智能、大数据等技术手段和人工审核相结合的方式加强对网络欺凌信息的识别监测"。此外，该条例针对提供给未成年人使用的网络服务中网络信息内容规范、个人信息网络保护、网络沉迷防治等方面做出了详细规定，这些都为面向未成年人群体的人工智能产品提出了明确要求。此外，家长也应履行监护责任，保护未成年人远离不良网络或者人工智能产品。如果家长遇到人工智能产品及服务提供者存在违反《未成年人网络保护条例》的情况，可以向网信、新闻出版、电影、教育、电信、公安、民政等有关部门投诉、举报。我们应当共同努力，为未成年人营造有利身心健康的人工智能技术空间。

未来已来，人工智能引领新浪潮

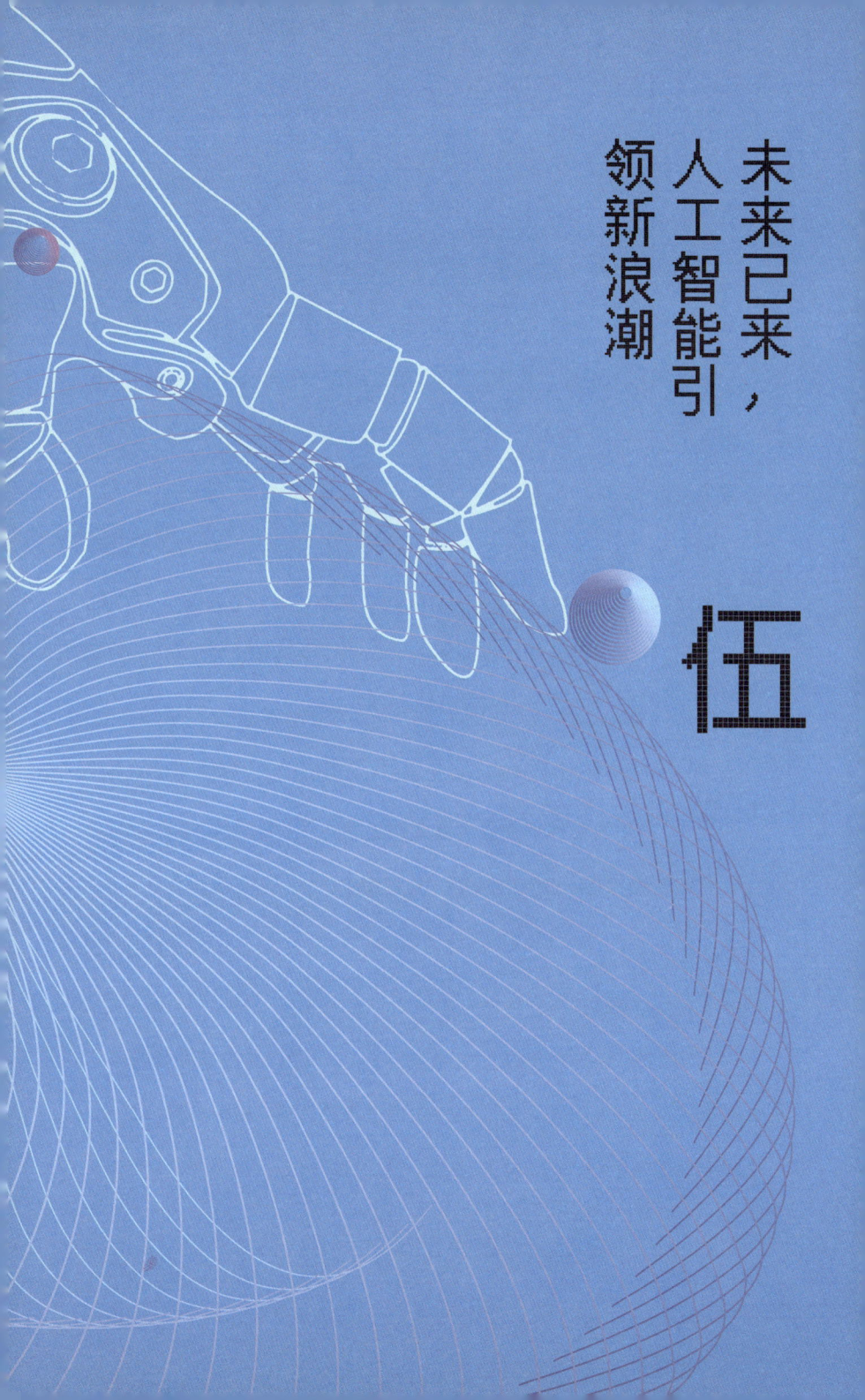

伍

智造者说：
大国工匠讲 AI 通识

从达特茅斯会议上人工智能的概念被第一次提出，到现在人工智能技术在生产、生活中大量应用，只过去了短短 70 余年。

在撰写本书的过程中，我们也经历了一个又一个 AI 创造的奇迹。2024 年 10 月 8 日，瑞典皇家科学院宣布将 2024 年诺贝尔物理学奖授予约翰·J. 霍普菲尔德（John J. Hopfield）和杰弗里·E. 辛顿（Geoffrey E. Hinton），以表彰他们在使用人工神经网络进行机器学习的基础性发现和发明。这对于无数从事人工智能工作的人来说无疑是一件振奋人心的事情。

紧接着，2024 年 10 月 9 日，诺贝尔化学奖公布，一半授予德米斯·哈萨比斯（Demis Hassabis）和约翰·M. 詹珀（John M. Jumper），以表彰他们在蛋白质结构预测方面的成就。这两位学者正是谷歌旗下 DeepMind 公司的 AI 科学家，他们和团队共同研发的人工智能蛋白质结构预测模型"AlphaFold2"，为他们赢得了这项殊荣。有人评论道，"诺贝尔奖即将进入 AI 时代"。这两个奖项一个颁给了 AI 技术本身，另一个则颁给了采用 AI 技术获得的成果。2025 年 1 月 28 日晚，人形机器人登上中央广播电视总台春节联欢晚会表演转手绢，与人类舞者共同演绎民族舞蹈。这不禁让我们畅想，未来的人工智能技术会如何发展？这些技术又会怎样改变现在的产业和我们的生活？

在本章中我们想要大胆进行一些预测和想象，或许在不久的将来，这些想法就会变成现实。

智造者说：
大国工匠讲 AI 通识

第一节 技术革命：人工智能如何重塑未来

在技术领域，随着科技的日新月异，现有人工智能技术不仅将持续深化其精准度、稳定性与可靠性，为各行各业提供更加高效、智能的解决方案，还将在多个前沿方向上迎来显著的发展乃至突破性的进展。具体而言，以下几个方面尤为值得关注：

一、通用人工智能

我们在第一章中曾提到人工智能按照智能程度可以分为弱人工智能、强人工智能（亦称作"通用人工智能"）和超人工智能。通用人工智能应当具有高度自适应的学习能力、强大的推理决策能力和自主性，它应当如同人类一样不仅可以不断从环境中获取信息，通过试错优化自己的行为，而且可以在面对未知的问题时通过类比、联想和创造等方式提出解决方案。它还应该能够预测自己的行为和决策的后果，甚至能够对自己的行为进行道德和伦理的判断。有学者认为目前在很多技术领域，如人脸识别、语音识别、机器翻译等已经达到了弱人工智能的程度。而对于什么时候能达到通用人工智能，则有学者持不同的观点。一些较为乐观的学者认为近几年通用人工智能技术就会取得重大突破，另一些比较保守的学者则认为实现通用人工智能技术仍有很长的路要走。虽然实现的时间存在争议，但实现通用人工智能是学术界和产业界共同追求的目标。相信有朝一日，像人一样的人工智能不仅存在于科幻作品中，也会出现在我们的身边，它们具有知觉、自我意识，能够独立思考和胜任人类各种工作。

二、情感智能

目前，人工智能技术在识别人类情感上面有所不足，通常也不会表现出特定情绪。但在未来或许会出现具有"情感智能"的机器人，这些机器人既可以准确识别情绪，又能够做出恰当的回应。未来的人工智能技术可能采用面部表情、体态、语音语调、文本内容等分析技术，对人类情感进行更精准的识别。此外，未来的 AI 或许还能够理解情感背后的复杂原因和动机，根据用户的情绪状态调整自己的行为和反应，给予用户更具有同理心的个性化交互体验。它们甚至可能会像真人一样，表现出丰富的情绪和复杂的人格特征——有的活泼可爱，有的温柔体贴，有的聪明伶俐，而不是像现在的 AI 一样知识渊博却极具理性，彬彬有礼却有时"说不到人心坎上"。在未来，这种具有情感识别和回应能力的人工智能技术可能会应用于医疗、教育、养老、心理咨询等多个领域，为有需要的人提供情感支持和心理援助，为人们提供更有人情味儿的服务。

三、算法、算力与数据优化

我们在第一章中介绍了人工智能发展的三要素——算法、算力和数据。随着人工智能技术能力的发展，算法的复杂性增加，所需的算力和数据也呈几何级增加，其消耗的能源也是极大的，这也对大模型本地化部署有较高的算力要求。未来的技术需要追求"高能低耗"的发展模式，采用更低功耗和更具有可解释性的算法，更加高效便宜的算力，以及更为高质量、小数量的数据。目前，一些学者尝试将量子计算与人工智能技术结合，利用量子计算并行处理能力和指数级增长的计算能力帮助人工智能技术实现飞跃。或许在未来，我们每个人的笔记本电脑上都可以部署属于自己的几个大模型。

四、跨学科、多技术融合

我们在第二章中介绍了许多人工智能技术，以及它们与不同学科、不同技术之间碰撞出的火花。例如机器视觉和传感技术的结合在自动驾驶中有重要应用,大模型技术和汉语言文化的结合在保护古籍中发挥作用,机器嗅觉技术和生物、化学专业的结合在环境监测、医疗保健领域中进行使用……在未来,人工智能技术将与更多的学科进行深度融合,产生更多研究热点,服务更多应用场景,包括但不限于:脑机接口普遍用于辅助残障人士自由生活,让他们不用说出口就可以传递自己的想法;人工智能用于气象和地质灾害预测,让人们可以更早地做好应对,避免人员伤亡与财产损失;农业生产广泛使用智能化控制,可以自动创造适合作物生长的环境……此外,不同技术融合也将是未来的趋势,例如多模态大模型和VR、AR、全真互联网等结合,强化数字世界和现实世界的深度连接,让大模型可以复刻现实世界,进行数字推演,再将推演的理论用到现实世界中,服务于各个行业的决策等。

五、具身智能

我们在第二章第五节提到过"具身智能"的概念,这是让人工智能技术和机器进行结合,实现像人一样与环境交互、感知,并具备自主规划、决策和行动的能力。目前具身智能已经取得了一些成果,例如具有单一或者组合功能的工业机器人、特种机器人等。人工智能技术如同智慧的大脑，高精度的机械如同灵活的四肢，二者结合就形成了具有众多功能的机器人。虽然目前的技术还无法达到准确规划行动和精准机械操作，但很多学者认为这个目标可以通过学术界和产业界的共同努力来实现。在未来，具身智能技术在各方面都会有应用前景，例如在危险场景中的救援机器人、家庭场景中的全能家务机器人、工作场景中的智能秘书等。

六、伦理与价值观

我们在第四章介绍了目前人工智能技术的缺陷与风险，也提到目前在立法上的不足。伦理与价值观也会是未来影响人工智能发展的重要一环。随着人们对人工智能技术的依赖性增加，数据隐私、技术滥用、侵犯权利等风险事件发生的可能性也随之增加。人工智能技术还需要在这些方面做出更多工作：保证人工智能技术与人类价值观对齐，保证公平且没有歧视；保证人工智能技术服务人类而非危害人类；保证人工智能技术安全、可靠、稳定，不会泄露数据与侵犯权益等。此外，人工智能技术的创造者、使用者、受用者等应遵守的义务与可享有的权利等，也都需要进一步通过法律、行政规范、行业规定进行约束。

第二节　产业变革：人工智能对产业格局的深远影响

当前，人工智能技术正以前所未有的速度和广度渗透至各个产业领域，在未来也会对我国乃至世界产业格局产生更加深远和全面的影响。人工智能技术对产业格局带来的影响有如下几个方面。

一、极大提高生产力

目前，部分产业在人工智能的加持下生产力已经有了很大提升，通过自动化和优化生产流程，减少对传统劳动力的依赖。例如在制造业中，人工智能技术操控的机械臂在工艺技术上的准确性和效率都有所提升。相似的，在服务行业、娱乐行业等，人工智能技术也有重要的作用。在未来，人工智能技术可以更进一步解放生产力，例如在工厂中可能出现全自动生产线，机器人可以完成所有制造工作，甚至可以根据订单、材料、生产进度等因素进行智能化决策和调度。在具有危险或者有毒有害物质的制造场景中，机器人也可能全面代替人类进行作业，人们只需要通过机器人携带的传感器和摄像机进行监控与指导即可。此外，在一些行业中，人工智能对生产力的帮助作用还有待开发。例如在农业生产中，如何使用人工智能技术提升农作物产量，精准操控农作物生长环境，以及提升从种植到收获全流程的效率。或许以后的人工智能技术可以实现智能化大棚，它可以感知现在的气候情况，对未来一段时间的天气做出预测，智能化调节大棚中的温度、湿度、养分，全自动提供作物生长的最佳条件而不需要人类设置，大幅度提升生产效率。在未来，"场景 +AI"的模式会渗透到各个行业，人工智能技术会在多种场景中提升生产力。

二、促进相关产业升级和转型

人工智能技术的出现给一些传统行业带来了新的机遇，这些行业需要借助人工智能技术升级与转型，以便提供更好的服务。例如在医疗行业中，人工智能技术通过学习大量医疗数据，可以对医疗影像做出更精确的判断，结合用户病例给出推荐治疗方案，医生结合人工智能技术判断的结果也会对患者给出更加有针对性的治疗方案。在未来，或许会出现全能 AI 检测和手术舱，病人只要进入检测舱，机器臂就可以自动对患者进行血压、心电图、血常规等检测，并根据患者情况制定治疗方案，甚至可以在医生的指导下立刻进行部分手术，这些机器人在边远地区使用，让那里的人们也享受到一线城市专家的治疗。人工智能技术也带来了一些新行业，例如人工智能安全服务、数据要素管理与交易、量子智能计算、数字治疗等。在未来，会有更多和人工智能技术与数据结合的产业出现。例如虚拟旅游产业利用人工智能技术将现实的旅游景点构造成虚拟化的体验，可以让用户足不出户就饱览全球各地美丽而真实的风景，体会不一样的民风民俗。

  人工智能技术的发展也让其上下游企业焕发活力。例如用于人工智能技术服务器革命中的液冷、光模块等关键技术相关产业正在不断迭代优化。面对人工智能技术不断从理论走向实践，云计算凭借其稳健的硬件基础设施、专业化的服务和工具，正在受到越来越多厂商青睐，云计算也将成为日益火爆的行业。未来人工智能上游产业，例如半导体、算力、芯片等需求会持续增长；而人工智能下游产业，即利用人工智能技术打造产品的企业，也会呈现多样化态势，引起新一轮的浪潮。

三、出现多种形态的智能硬件

目前一些人工智能技术，尤其是大模型技术，通常以软件的形式提供服务。但是也有越来越多的硬件和 AI 原生软件进行结合，为用户提供服务，例如有智能口语对话的学习机、有智能助手的办公电纸本、有自动驾驶功能的汽车，以及能执行单一和几种任务的机器人。在未来，人工智能技术会和更多硬件设施结合，衍生出各种智能化的产品，例如根据衣服种类和数量自动分类清洗的洗衣机，根据营养搭配和用户饮食习惯自行制作美味饭菜的厨具，根据季节、空气质量和用户喜好自行调节温度、湿度的空调等。甚至在未来的家中，会出现个性化的智能管家，它了解每位家庭用户的喜好并为之提供所需的服务，例如会按照女主人的要求把洗好的衣服分类收纳，帮男主人在书房电视上播放他关注的球赛，陪小朋友一起玩拼图并讲有趣的故事，给家里的小猫准备它喜欢的猫粮以及为它梳毛……这些目前还具有科幻色彩的幸福场景，或许在未来也会变成现实。

四、机器人员工上岗

近期，我们看到越来越多的"机器人员工"在全国各地"上岗"。全国首台持证 AI 餐饮机器人落地北京，可以负重运输的四组机器狗在泰山开始清运垃圾工作，人形机器人"小杨"在西湖畔的市集尝试摊位销售岗位……在未来，或许会有更多的机器人员工亮相。针对居家养老问题，未来每家都会配备一台"养老机器人"，它不仅可以完成基础的家务工作，例如买菜、扫地、做饭等；还可以辅助老年人进行健康管理，比如提醒吃药、进行按摩、检测血压血糖等；甚至还具备多种娱乐功能，可以让老人听戏剧、看视频、下象棋、进行聊天等。针对部分高危行业也可能出现相应的机器人，例如可以救火的机器人，在边境进行巡逻和告警的机器人，可以进行高空外玻璃清洁或者高压电线维修的机器人等。这些机器人员工可以有效弥补部分行业人才缺失，也可以将人们从高危工作环境中解放，投身其他安全又重要的行业。

此外，机器人还可能作为助手进行工作。2024 年的两项诺贝尔奖中，一个颁给了 AI 技术本身，另一个则颁给了采用 AI 技术获得的成果。这也让人们看到了人工智能技术用于科学探究的无限可能。当前在生物、化学、制药、气象等领域，AI 技术已经用于蛋白质构造、分子结构预测、实验结果模拟等方面。在未来，人工智能技术或许可以帮助人们"上天入地"，在地球极地、海底，甚至其他星球进行自主导航、采集样本、分析数据等，甚至可以用于预测未知天体特性、发现新物种或者资源。

五、规范 AI 伴侣与数字复活

自 2023 年人工智能技术迎来新突破，有人开始对老照片进行修复，也有人采用图片、音频、视频等"复活"已经去世的亲人。在 2025 年，人形机器人强势发展，人形机器人概念股赛道沸腾，AI 伴侣成为热点话题。在未来，或许 AI 伴侣、数字复活会成为人们获取慰藉、寄托情感的新方式，让人们来表达自己的诉求、遗憾或者怀念。但是这种方式可能会引发伦理危机，这种基于虚拟空间的情感并不是真实的，过度沉溺其中可能阻碍人们在真实社会中的人际交往能力，对现实生活造成影响。此外，这些技术可能涉及个人隐私侵犯，例如在互动中收集大量个人信息，或者用于"数字复活"的数据没有得到逝者亲属同意等。或许在不久的未来，国家会出台一系列规定和政策，对使用 AI 伴侣、数字复活等活动进行规范，帮助人们更加合理地使用人工智能技术表达情感。

或许在读者读到这本书的时候，本章中的一些内容已经成为现实。人工智能的发展也远不止本章中提到的内容，还有更多潜在的可能性等待人们去发现和创造。